**문해력 뛰어난 아이는
이렇게 읽습니다**

일러두기

본문 중 📂 기호가 붙은 자료는 아래 블로그에서 다운로드받아 사용하실 수 있습니다.

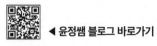 ◀ 윤정쌤 블로그 바로가기

16년 차 국어 교사의 초등 독서교육 혁명

문해력
뛰어난 아이는
이렇게 읽습니다

이윤정 지음

클랩북스

수능 영어와
독서의 관계를 아시나요?

정승익 (EBS 수능 영어 강사)
《그렇게 부모가 된다》《진짜 공부 vs. 가짜 공부》 저자

저는 EBS 수능 영어 강사입니다. 제가 최근 가장 주목하고 있는 현상은 대한민국의 영어 교육 열기 대비 수능 영어 1등급의 비율이 너무나도 낮은 것입니다. 2023년도 수능 영어의 1등급 비율은 4.71% 였습니다. 이 중에서 절반가량을 차지하는 N수생을 제외하면 현역 고3 수험생의 영어 1등급 비율은 2% 수준입니다. 98%의 나머지 학생들은 왜 1등급을 받지 못할까요?

제가 생각하는 가장 결정적인 원인은 수능 영어의 '우리말' 수준이 어렵기 때문입니다. 현재 수능 영어 문항은 미국 대학교 1학년 학생 수준의 원서에서 글을 인용하여 제작되고 있습니다. 수험생들의 문해력이 대학교 1학년 수준은 되어야 한다는 의미입니다. 그런데 우리 아이들은 인문, 사회, 과학, 문학, 예술 분야의 글을 대학교 1학년 수준으로 읽고 이해할 수 있을까요?

학원 숙제를 하느라 독서할 시간이 없다는 낭설도 입시 판에 돌아다닙니다. 입시를 전혀 모르는 이들이 하는 이야기이지만, 현실에는 실제로 이런 아이들이 있습니다. 독서는 뒤로하고 국영수 숙제만 하면서 유년기를 보내는 아이들이 점점 늘고 있습니다. 입시

전문가이자 수능 영어 전문가로서 진심으로 조언 드립니다.

"아이의 입시 성공을 위해서 독서는 필수입니다."

국영수 공부할 시간도 부족한데, 독서가 부담스럽게 느껴질 수 있습니다. 하지만 독서를 해야 고등 입시 공부를 준비할 수 있고, 독서를 해야 내로라하는 주요 대학을 지원할 때 자신의 역량을 입증할 수 있다는 사실은 변함이 없습니다.

스마트폰만 부여잡고 있던 아이가 한순간에 서울대 지원자들이 읽었다는 칼 세이건의 《코스모스》나 마이클 샌델의 《공정하다는 착각》을 이해할 수는 없습니다. 독서 습관은 하루아침에 만들 수 없고, 독서 수준은 단기간에 끌어올릴 수 없으니까요. 독서야말로 아이가 수년 동안 꾸준히 쌓아 온 역량의 지표입니다.

그러니 이제 독서를 시작할 때입니다. 당연하게도 모든 교육의 시작은 가정에 있습니다. 무슨 책을 어떻게 읽어 나가야 할지 고민하는 학부모님들에게 이 책이 친절한 길잡이가 되어 줄 것입니다. 국어 교사의 전문성과 엄마의 현실성을 모두 갖춘 이윤정 작가의 친절한 안내를 따라서 하나하나 제대로 실천해 보시기를 바랍니다.

아이들이
'평생 독자'로 살아갈 터전

임가은(교육 환경 구성 전문가)
《해냄 스위치를 켜면 혼자서도 잘하는 아이가 됩니다》《거실육아》 저자

'가정독서동아리, 내 아이를 위한 일인데 무엇인들 못하랴?' 싶지만 막상 시작하려니 하나부터 열까지 부담이 되는 게 사실입니다. 가정 독서 교육의 좋은 점이야 백 번 알지만, 하지 못할 이유도 백 가지는 있기 때문이죠.

이 책의 저자도 그 사실을 명확히 알고 있습니다. 그렇기에 엄마들이 부담스러워하는 부분은 덜어내고, 어떻게 출발해야 하는지를 상세히 안내하며 '진짜 시작'을 돕고자 하는 마음이 느껴집니다. 책에서 저자는 동아리를 조직하는 법, 내 아이와 함께할 독서 친구 찾는 법 등 가정독서동아리의 근본적인 출발점부터 차근차근 함께 발을 내디뎌 줍니다. 저자의 친절한 안내를 하나씩 따라가다 보면, 어느새 상상만 했던 시작이 현실로 이루어진 모습을 발견할 수 있을 겁니다.

혹시 독서 관련 전문가가 아니라서 망설이시나요? 현직 국어 교사인 저자가 풍부한 교직 경력과 두 아이의 엄마 경력을 살려, 누구나 손쉽게 시작할 수 있는 가정독서동아리 운영법을 체계적으로 안내해 줍니다. 뿐만 아니라 참여하는 아이들의 동기를 끌어내는 법,

간식 공장 운영법, 활동 규칙 등 가정독서동아리를 운영하는 데 필요한 부분을 세세하게 제시하여 아이들이 '평생 독자'로 살아갈 터전을 마련해 줍니다.

가정에서 독서 교육을 시작하고 싶은 마음은 있지만 실천이 어려웠던 분들에게, 현재 독서 교육을 진행하고 있지만 마음이 흔들리는 분들에게 이 책을 강력히 추천합니다. 언제 꺼내 보아도 따뜻한 조언을 찾을 수 있는 책이 되리라 믿습니다.

초등 문해력이
평생을 좌우합니다

저는 고등학교 국어 교사인데요. 학생들을 가르치다 보면, 수업 태도만 보고도 그 학생의 성적을 어느 정도 예상할 수 있습니다. 수업에 집중을 잘하고 적극적으로 참여하면 좋은 성적을 얻고, 그렇지 않으면 좋은 성적을 얻지 못하는 것은 당연한 일이니까요.

하지만 그 당연한 일이 벌어지지 않아 안타까움을 느끼게 하는 학생들도 있습니다. 수업 내내 두 눈을 빛내며 집중하고 쉬는 시간까지 공부하는데, 성적이 안 나오는 학생들 말이죠.

사실 그 학생들이 이런 결과를 얻게 되리라는 슬픈 예감은 시험을 치르기 전에 이미 찾아옵니다. 수업 시간에 본질을 벗어나는 엉뚱한 질문을 하거나, 노트 정리를 할 때 중요한 포인트를 짚어 내지 못하는 걸 보고 직감하는 거죠. 교과서를 읽고 교사의 설명을 들으며 내용을 이해하는 능력, 즉 문해력이 부족한 학생들은 수업을 잘 듣고 부지런히 노트 정리를 하더라도 좋은 성적을 얻기가 쉽지 않습니다. 문해력을 밑바탕에 깔아 놓지 않은 상태에서 무작정 열심히만 하는 공부는 밑 빠진 독에 물 붓기와 다름이 없거든요.

그렇다면 독에 난 구멍은 어떻게 메울 수 있을까요? 자기 수준에 맞는 책을 치밀하게 읽으면서 글의 의미 구조를 이해하고, 스스로 잘 이해하고 있는지 확인하는 연습을 제대로 하면 됩니다. 그러나 수능이 코앞인 고등학생들에게는 느긋하게 독서할 마음의 여유가 없습니다. 그동안 멀리했던 책을 붙들고 있기에는 당장 꺼야 할 급한 불이 사방 천지라 정신이 없거든요.

문해력이 부족하더라도 초·중학교까지는 어떻게든 양치기 공부(투입량을 최대화하는 학습 방식)를 해서 성적을 일정 수준까지 끌어올릴 수 있지만, 고등학교에서는 어렵습니다. 문해력을 요구하는 과목이 국어만이 아니기 때문이에요. 영어, 사회, 과학, 심지어는 수학까지도 문해력이 부족하면 공부의 가성비가 떨어집니다. 같은 시간을 공부해도 흡수되는 양이 다르거든요.

문해력은 책을 무조건 많이 읽히면 길러질까요? 아닙니다. 조회 시간, 쉬는 시간 틈틈이 책의 세계에 빠져 지내는 학생이 있었습니다. 공부를 게을리하는 아이도 아니었어요. 수업 태도도 좋고 스스로 공부를 잘하고 싶다는 마음이 강해서 요약 노트를 만들어 공부할 정도였거든요. 하지만 들인 노력에 비해 성적이 잘 나오지 않았습니다. 그러다 그 아이의 글쓰기·말하기 수행 평가를 확인하며 알게 되었어요. 책의 내용을 정확히 이해한 후 자기 생각을 밝혀야 하는 과정에 구멍이 있었던 겁니다.

책을 많이 읽는다고 해서 생각하는 힘이 저절로 자라는 것도, 반드시 좋은 성적을 얻는 것도 아닙니다. 그래서 저는 책 읽기와 사고력을 서로 연결하는 방법을 고민했습니다. 그리고 책을 제대로 읽었는지 점검하는 과정, 이해에 깊이를 더하는 대화 과정, 직접 글을 써 보며 자기 생각과 연계하여 정리하는 과정이 필요하다는 결론에 이르렀습니다. 이 과정을 국어 수업에 적용해 보기도 했지만, 수업 진도의 압박이 심한 고등학교에서는 제한적일 수밖에 없었어요.

교실에 앉아 있는 학생들의 10년 전으로 날아가 문해력을 키우는 독서 방법을 알려 주고 싶었습니다. 입시 부담이 없고 여유 시간도 충분한 초등학생 때부터 깊이 있게 책 읽는 방법을 익힌다면, 10년 후 교실에서의 모습은 분명히 달라져 있을 테니까요.

그래서 아이와 가정독서동아리를 시작했습니다. 제가 아이를 독서토론논술학원에 보내지 않고 가정에서 독서교육을 한 이유는 명확합니다. 성적과 진도의 부담에 얽매이지 않아야 아이의 생각이 자유롭게 뛰놀 수 있으니까요. 어떤 말을 하더라도 괜찮고 실수하더라도 허용되는 분위기 속에서 책을 읽고 생각하게 하고 싶었습니다. 경직되지 않은 공간에서 편안한 친구들과 함께 나누는 대화는 반드시 사고력에 깊이를 더해 주리라 확신했습니다.

내 아이에게 배움의 즐거움을 일깨워 주세요

가정독서동아리를 운영해 온 3년 남짓의 시간을 통해 저의 선택이 옳았음을 느낍니다. 책을 매개로 매주 만나는 아이들이 조금씩 변화하고 있음을 제 눈으로 확인하고 있거든요.

아이들은 읽은 책에 대해 이야기를 주고받으며 생각을 키워 갑니다. 자기 생각이 친구들과 다르더라도 기죽지 않고 소신껏 말할 줄 알고, 자기 생각이 잘못됐다는 걸 알면 상대의 의견을 받아들이고 수정하는 일이 패배가 아님을 압니다. 자기만의 관점을 가지면서도 타인의 의견을 수용할 줄 아는 융통성 있는 아이로 자라납니다.

어떤 아이든 이런 태도를 갖출 수 있다면 세상은 흥미진진한 배움터가 될 겁니다. 이런 아이들은 경쟁이 치열한 세상에서 어쩔 수 없이 지식을 습득해야 한다는 '생존 본능'에 의해서만 배움을 시작하지 않을 거예요.

가정독서동아리 활동으로 성장한 아이들은 새로운 걸 배우길 즐거워하는 사람, 나와 다른 생각을 지닌 사람을 설득하는 일에 매력을 느끼는 사람, 내 생각이 틀렸다는 것을 알고 자신의 세계를 넓힐 수 있음에 희열을 느끼는 사람, 친구를 나의 경쟁자가 아니라 함께 배우고 성장하는 동반자로 생각하는 사람이 되리라고 감히 기대하고 욕심내 봅니다. 너무 거창하게 이야기한 것 같지만, 실제로 저는 가정독서동아리 활동을 거듭할수록 정말 이런 아이들로 성장하리라는 가능성의 씨앗을 봅니다.

'엄마'라는 존재는 다른 사람들이 그냥 지나칠 수 있는 아이의 가능성을 알아차릴 수 있는 사람입니다. 당장 눈에 보이는 성과만이 아니라 아이가 만들어 갈 미래의 모습까지 상상하는 엄마의 눈에는 아이들이 내면에 품고 있는 가능성이 보입니다. 그래서 언젠가는 이 아이들과 지금 제가 즐겨 읽는 책을 가지고도 토론할 수 있겠다는 가슴 벅찬 상상을 하기도 합니다.

이런 저의 경험을 나누고 싶은 마음에 아이들과의 활동을 꾸준히 블로그에 기록했습니다. 댓글을 달아 주시는 분들을 보면 엄마뿐 아니라 아빠, 이모, 고모, 형이나 누나까지 다양합니다. 자녀, 조카 또는 어린 동생의 독서 교육에 관심을 보이는 분이 많다는 뜻이기도 합니다.

그런데 댓글 중에는 '아이에게 분명 도움이 될 것 같지만 엄두가 나질 않아 도전하지 못하고 있다'는 이야기가 많았습니다. 그래서 이 책을 썼습니다. 편의상 읽는 분을 '엄마'라고 지칭하겠지만, 《문해력 뛰어난 아이는 이렇게 읽습니다》는 아이와 책으로 연결되고 싶어 하는 모든 분을 위한 책입니다.

일단 시작해 보면 생각보다 어렵지 않고, 누구나 할 수 있다는 것을 알게 될 겁니다. 시작하는 법부터 단계별로 발전시켜 나가는 방법까지 구체적으로 소개할게요. 책 읽기마저 사교육의 장에서 진행하는 대신, 지지와 배려가 넘치는 따뜻하고 편안한 분위기에서 생각이 마음껏 뛰노는 경험을 아이들에게 선물해 주면 좋겠습니다.

아이가 책과 함께 성장하는 매 순간을 지켜보는 부모님이 많아지길 바랍니다.

이윤정

차례

1부　우리 아이 문해력이 최초로 시작되는 곳

1장 문해력 뛰어난 아이는 가정에서 읽습니다

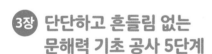

2부   문해력 상승의 비밀, 가정독서동아리 실전 가이드

4장 문해력 상승 환경을 만드는 가정독서동아리 운영 노하우

5장 아이의 세계를 확장하는 가정독서동아리 심화 활동

부록

1부

우리 아이
문해력이
최초로
시작되는 곳

위잉-
청소기가 분주히 돌아갑니다.

모처럼 집이 깨끗해지는 오늘은, 가정독서동아리가 있는 날이랍니다.

거실 한가운데 놓인 큰 테이블을 깨끗이 닦고, 크기와 모양이 똑같은 접시 4개를 올립니다. 접시 위엔 솔로몬에 빙의된 엄마가 정확히 나눈 간식들이 놓여 있지요.

미리 만들어 둔 독서 활동지에 연필, 지우개까지 착착 올려 두니 거실이 금세 공부방으로 변신합니다. 마지막으로 오늘 읽을 책까지 가운데 딱 놓으니 절로 뿌듯해져요.

띵동-
아이들이 들어옵니다.

"선생님, 오늘은 무슨 간식이에요?"
"와, 간식 맛있어 보여요!"
"선생님, 오늘은 이 책이에요? 재미있겠다!"

평소엔 윤효, 윤진이의 엄마지만 오늘만큼은 아이들의 선생님이 됩니다.
아이들은 자연스레 테이블에 빙 둘러앉아 간식을 먹으며 이야기를 나눠요. 분위기가 어느 정도 말랑해지면, 저는 책을 펼쳐 소리 내어 읽기 시작합니다. 한껏 집중하는 아이들의 눈빛. 함께 책 속 세계로 들어가는 시간이 시작된 거예요.

이렇게 책 하나로 3년째 이 공간에 모여 생각을 나누는 우리는 가정독서동아리 구성원입니다.
이 특별한 만남이 자연스러운 일상이 되기까지의 이야기를 지금부터 시작해 볼게요.

문해력 뛰어난 아이는 가정에서 읽습니다

독서에 진심인 엄마, 초등 입학을 앞두고 조급해지다

저는 아이가 누워서 모빌만 보던 시절부터 책을 읽어 줬습니다. 집 안 곳곳 아이 손이 닿는 곳에 책을 두었고요. 주변에 책이 많다고 해서 저절로 책을 읽게 되는 것이 아님을 알았기에 틈만 나면 소리 내어 읽어 주었어요.

아이가 잠에서 깨어 누워 있을 때, 제 등에 업혀 있을 때, 장난감을 가지고 놀고 있을 때 등등 엄마의 책 읽기를 저항 없이 받아들이는 시간엔 기회를 놓치지 않고 부지런히 읽어 주었습니다. 그러다 보니 아이는 자연스럽게 책을 좋아하게 됐고, 수시로 책을 들고 와서 읽어 달라고 했죠. 어떨 때는 한 번에 스무 권 가까이 읽어 주느라 목이 쉬기도 했습니다.

이렇게 많이 읽어 주면서도 아이가 내용을 제대로 이해하고 있는지 확인하거나, 읽어 주어야 할 책 목록을 따로 정하지는 않았어요. 유아기에는 책을 장난감처럼 여기고 즐겁게 받아들여야 한다고 생각했기 때문이죠. 그래서 인풋에만 집중했습니다. 그저 애착을 잘 형성하고, 책을 많이 읽어 주며, 느긋하게 기다리면 잘 자랄 거라는 생각으로 아이를 키웠습니다.

그런데 사실 첫째는 느긋하게 키우기가 쉽지 않은 아이였어요. 어릴 때부터 걷기, 말하기가 늦었고 36개월 영유아 검진을 할 때도 엄마, 아빠, 빠빵이라는 3개의 단어만 말할 줄 알았거든요. 다섯 살이 되어서야 말문이 터졌는데, 발음이 정확하지 않고 뭉개지곤 했어요. 저는 배우는 단계라고 생각하며 지켜봤습니다.

그러다가 아이 친구가 첫째의 발음을 놀리듯 따라 하는 모습에 충격을 받아 결국 언어 치료를 시작했습니다. 더 일찍 시작했어야 한다고 말하는 지인도 있었지만, 저는 너무 어릴 때 '치료'라는 상황에 놓이게 하기보다는 조금 더 커서 스스로 필요성을 느낄 때가 적기라고 생각해서 기다렸던 거예요.

책을 많이 읽어 주면 한글을 저절로 뗀다던데 매일 열 권 이상씩 읽어 주는데도 소용이 없었고, 한글 방문 수업을 1년 이상 시켰는데도 일곱 살이 될 때까지 진척이 없었어요. 그마저도 아이마다 속도가 다른 거니까 괜히 방문 수업까지 시키면서 스트레스를 주지 말고 기다려 보자고 생각해서 중단했어요. 느긋하게 키우기 쉽지 않은 아이를 키우면서 엄마는 답답할 정도로 느긋했던 거죠.

　그런데 아이의 초등 입학이 임박해지니 저도 조금씩 변하게 되더라고요. 그동안 미뤄 두었던 걱정과 조급증이 한꺼번에 몰려들었습니다.

　　한글을 읽고 쓸 줄 모르는 아이.
　　읽고 쓸 줄 모르니 의사 표현에 소극적인 아이.
　　의사 표현에 서투르니 말보다 울음이 앞서는 아이.
　　소근육 발달이 더딘 아이. 그래서 가위질·우유팩 열기·젓가락질이 서툰 아이.

　어느새 저는 사랑스럽기만 하던 제 아이에게서 부족한 것들만 쏙쏙 찾아내는 엄마가 되어 가고 있었습니다. 한둘이 아닌 문제점을 짧은 시간에 모두 개선하기란 불가능해 보였어요. 너무 느긋했나 싶은 생각에 자책도 하고 해결책을 고민하기도 했지만, 방법을 찾기가 쉽지 않았어요. 그러면서도 겉으로는 조급하지 않은 척, 여전히 느긋한 엄마인 척했죠.

　그런데 또래보다 느리게 가던 제 아이가 갑자기 놀라운 변화를 보여 줬어요. 초등 입학 직전 유치원의 마지막 겨울방학을 맞았을 때, 두 달 동안 엄청나게 빠른 속도로 한글을 익히더니 금세 다 뗀 거예요. 알고 보니 소근육이 서서히 발달해 글씨를 쓸 만큼 손가

락에 힘이 생긴 덕분이었습니다. 거기다 한글의 체계를 받아들일 수 있는 수준의 인지 능력이 갖춰진 시기에 교육을 시작하니 너무나 쉽게 습득할 수 있었던 거죠. 우유팩 열기도 입학 직후엔 친구의 도움을 받았지만, 스스로 연습하면서 1학기가 지나기 전에 혼자서 할 수 있게 되었습니다.

물론 더 일찍 시작해도 충분히 잘 해내는 아이들이 있습니다. 더 일찍 익힌 만큼 많은 것을 먼저 해내겠죠. 하지만 내 아이의 속도가 다른 아이들과 같지 않다면 그것을 받아들이고, 내 아이를 가장 잘 아는 엄마로서 적절한 시기를 판단할 수 있어야 합니다. 그래야 아이와 엄마가 스트레스를 덜 받으며 앞으로 나아갈 수 있어요. 제 아이를 보면서, 엄마가 조급함을 조금 내려놓고 아이의 속도에 맞춰 간다면 아이 스스로 성장하는 법을 배울 수 있겠다고 생각했습니다.

인생의 문제를 해결하는 힘, 책 읽기로 내 아이에게 주는 선물

아이를 걱정하기 위해 존재하는 게 엄마인 걸까요? 어느새 또 다른 걱정거리가 자리 잡기 시작했습니다. '집에서는 내가 아이의 속도에 맞춰 줄 수 있지만, 속도가 빠른 아이들과 함께 섞여 있는 교

실에서는 어떡하지?'

갓 입학한 아이들이 모여 있는 초등 교실을 상상해 보았습니다. 다행스럽게도, 저 자신이 교사이기 때문에 한 가지 사실을 깨달았어요. 제 아이뿐 아니라 어떤 아이도 완벽할 수는 없다는 것 말이죠. 또래보다 빠른 것 같은 아이도 부족한 부분을 가지고 있기 마련이거든요. 성인도 마찬가지잖아요. 누구나 조금씩 부족한 면을 가지고 살아갑니다. 숱한 시행착오를 통해 부족한 부분을 채워 나가게 되는데, 아이들은 '학교'라는 공간에서 안전하게 실패하고 반복해서 연습하며 배워 갈 수 있어요.

이런 과정이 아이에게 큰 상처로 남지 않고 성장의 밑거름이 될 수 있으려면, 자기 스스로 도움이 필요한 과제를 파악하고 적절한 시점에 선생님이나 친구에게 도움을 요청할 수 있는 의사소통 능력이 필요합니다. 그러면 초등이나 중·고등학생 때는 물론, 이후 살아갈 자신의 시간 속에서 부딪히는 문제들을 잘 해결해 나갈 수 있을 거예요. 생활 속 의사소통뿐 아니라 다양한 활동, 교실에서 반복되는 의사 결정 행위, 발표 등에 적극적으로 참여하는 데도 도움이 되고요.

이런 능력은 어떻게 키울 수 있을까요? 저는 '책 읽기'가 좋은 해법이라고 생각했습니다. 책 속에는 자신이 이미 경험한 것뿐 아니라 아직 경험하지 않은 다양한 상황이 무궁무진하게 담겨 있습니다. 복잡한 상황을 스스로 이해하고, 그 상황에서 어떻게 행동하고 의사 표현을 할 수 있을지를 살펴보기에 아주 최적화된 도구죠. 다만, 그냥 즐겁게 읽고 끝내는 것으로는 책 읽기의 긍정적인 효과를 충분히 거두기 어렵습니다. 한 편의 드라마를 볼 때처럼 즐거웠지만 남는 것이 없을 수도 있거든요. 물론 책을 즐겁게 읽는 것 자체로도 충분히 의미가 있지만 '의사소통 능력'을 키우고자 하는 책 읽기는 달라야 합니다.

의사소통과 관련해서 저는 세 가지 유형을 생각해 보았습니다.

첫째, 친구가 하는 말의 핵심을 제대로 이해하지 못하고 엉뚱한 반응을 보이는 아이들이 있습니다. 그 때문에 갈등이 빚어지죠. 공부와 관련해서 이야기하자면, 교과 내용을 제대로 이해하지 못하고 엉뚱한 답을 쓰기도 합니다. 이는 말과 글의 의미를 정확히 이해하지 못해서 벌어지는 일입니다. 그렇기에 책을 읽을 때 아이가 내용을 정확하게 이해하고 있는지 점검하는 과정이 필요합니다.

둘째, 교실에서 벌어지는 일의 맥락을 제대로 파악하지 못해서 자기 생각을 적절히 표현하지 못하거나 상황이 흘러가는 대로 맡겨 버리는 아이들이 있습니다. 주어진 상황을 깊이 생각하고 자기 생각을 정립해 나가는 능력 역시 학급 내에서의 원만한 소통을 위해 필요합니다. 책을 읽을 때 표면적인 내용 속에 숨어 있는 의도를 파악하며 깊이 있게 읽을 수 있도록 생각의 물꼬를 틔워 주는 과정이 필요합니다.

셋째, 머릿속을 가득 채운 생각을 말이나 글로 제대로 표현하지 못하는 아이들이 있습니다. 소통은 상호작용이기 때문에 자기 생각을 명확하게 표현해야 의도한 바를 오해 없이 잘 전달할 수 있습니다. 사고의 결과물인 '말과 글'을 통해 받게 될 학교 내의 다양한 평가에서도 손해 보는 일이 없을 테고요. 따라서 말과 글이라는 수단을 효과적으로 활용하여 자기 생각을 정확히 전달하는 연습을 반복해야 합니다.

참고로 이 세 가지 내용은 제가 가정독서동아리를 시작한 후 독서 활동지를 제작할 때 그대로 반영했습니다. 이 내용은 2부에서 자세히 다룹니다.

의사소통 능력은 사람이 살아가는 내내 영향을 미칩니다. 특히 그 중요성은 가정이라는 울타리를 벗어나 본격적으로 사회 집단에 속하게 되는 초등학교 시절에 급격히 부각됩니다. 교실에서 친구들과 원만한 관계를 유지하고 다양한 문제 상황을 해결해 나가야 할 때, 목적을 달성하기 위해 자신의 의도를 전달하거나 상대의 의도를 이해해야 할 때처럼 사람 사이의 관계에서만이 아니라 학습의 성과를 내야 할 때도 무척 중요하죠. 학습을 잘하기 위해서는 방대한 지식·정보와 효과적으로 소통해야 하기 때문입니다. 앞서 언급한 학습 효율이 떨어지는 학생들은 지식을 습득하는 과정에서 학습 내용과 의사소통을 하는 데 어려움을 겪습니다. 정보를 정확하게 이해하고, 스스로 깊이 생각하여 의미를 깨닫고, 그것을 자기 것으로 만들어 결과물로 산출하는 능력이 부족하니 높은 학업 성취를 이루기 어려운 것입니다. 이는 성인이 되어서도 마찬가지입니다. 원만한 인간관계, 업무 성과 등이 모두 의사소통의 구성 요소인 '상황, 글, 말'에 대한 이해를 바탕으로 이뤄지죠.

제가 지금 계속 얘기하는 내용은 '문해력'과 연결됩니다. 문자를 읽고, 그것이 의미하는 바를 제대로 이해해서 내 것으로 받아들인다는 점에서 그렇습니다. 결국 책을 제대로 읽을 수 있게 되면 일상에서의 의사소통은 물론, 읽은 글을 자기 것으로 만들어 지적으로 성장하는 데까지 도움이 되는 것입니다.

그렇기에 아이의 삶에 중요한 무기가 되어 줄 '의사소통 능력'과 '문해력'을 선물해 주어야겠다고 생각했습니다. 책을 통해 삶과 적극적으로 소통하는 능력, 삶을 단단하게 살아갈 힘을 얻게 해 주겠다는 비장한 마음을 먹은 것이죠. 저는 아이와 책을 읽고 다양한 활동을 하며 아이가 자신을 둘러싼 세상에 잘 적응하고 당당히 마주할 수 있도록 여러 방법을 모색했습니다.

격렬했던 친자 인증 후, 가정독서동아리를 결심하다

그런데 엄마의 욕심이 너무 과했던 것일까요? 즐거운 교감의 도구였던 아이와의 책 읽기는 엄마의 조급증과 염려, 아이를 변화시키려는 의욕으로 채워지기 시작했습니다. 조급한 티를 내지 않으려고 나름대로 애를 썼지만, 아이는 처음부터 거부반응을 보였습니다. 아이들은 '공부 냄새'를 기가 막히게 잘 맡잖아요. 제 아이도 그랬어요. 평소에 함께 책을 읽을 때는 엉뚱한 말도 다 들어 주고, 한 권을 제대로 다 읽지 않아도 괜찮다던 엄마가 달라졌으니 당연한 일이었을 겁니다. 책을 통해 뭔가를 전달하려고 작정한 엄마는 부드러워지고 싶어도 자꾸만 진지해지고 엄해집니다.

아이는 책 읽기가 재미없어졌습니다. 무언가를 좀 써 보자고 하면 의자에서 흘러내리듯 누워서 짜증을 부리는 아이. 그런 아이의 모습을 본 저는 버럭 화를 내는 일이 반복되었습니다. 학교에서 학생들을 가르칠 때는 아무리 이해하지 못해도 화가 난 적이 없었는데, 이미 설명해 준 것을 제 아이가 이해하지 못할 때는 견딜 수 없이 화가 나더라고요. 이런 것이 바로 '친자 인증'인가 봅니다. 내 아이에게는 자꾸 욕심이 생기니 이성적으로 대하기 어려운 것이죠.

갈등이 반복되자 제 몸이 피곤하거나 어딘가 외출할 일이 생기면 건너뛰는 일이 잦아졌습니다. 분명히 아이의 교육을 위해 시작한 일이었지만 이런 방식의 책 읽기를 지속하다가는 아이와의 관계가 돌이킬 수 없는 지경에 이를 것 같아 고민이 됐습니다.

결코 이성적일 수 없는 사이인 엄마와 아이가 단둘이 시작한 게 잘못이었다고 생각하며, 여럿이 함께하는 방향으로 바꿔야겠다고 마음먹었습니다. 엄마가 하라는 활동은 하기 싫어도 또래 친구와 함께하는 활동은 기꺼이 하는 게 아이들이니까요. 저 또한 내 아이만 앉혀 두고 가르칠 때는 단점만 기가 막히게 발견하며 쉽게 분노하는 '엄마'지만, 많은 아이들을 지도할 때는 '선생님'으로서 조금이나마 객관화된 시선으로 아이를 대할 수 있지 않을까 싶기도 했고요.

그래서 일을 좀 키우기로 했습니다. 제 아이를 위해 친구들을 모아 책을 매개로 이야기를 나누는 장을 만들어 주기로 말이죠. 그래서 가정독서동아리가 탄생했습니다.

논술 학원은
못 하는
생각의 알맹이 채우기

"무슨 자신감으로 학원 안 보내고 직접 해?"

많은 분들이 이런 생각을 가지고 있을 겁니다. 의욕적으로 엄마표 학습을 시작했다가 친자 인증으로 힘든 시간을 보내고 난 대부분의 부모는 아이를 학원에 보내야겠다는 결론을 내립니다. 흔히 외주를 준다고 하죠. 저 또한 갈등을 거듭하면서 차라리 학원에 보내는 것이 아이와 아름다운 관계를 유지하는 방법일지 모른다고 생각했습니다. 그런 제가 학원이 아닌 엄마표 가정독서동아리를 선택한 이유는 무엇일까요?

아이를 독서토론논술학원(이하 독서학원)에 등록시키기로 마음먹은 후로는 저도 다른 엄마들이 하는 것처럼 정보를 모으기 시작했습니다. 첫째 아이 주변에는 이미 독서학원에 다니는 친구들이 많았기 때문에 학원마다 진행하는 커리큘럼과 교재, 도서 목록 등을 살펴볼 수 있었습니다. 그 과정에서 아이의 문해력을 기르는 데 학원이 답이 아닐 수 있겠다는 생각이 들었습니다.

초등학생과 고등학생은 수준이 다르므로 교육 방식도 다릅니다. 그래서 고등학교 교사인 제가, 초등학생을 전문으로 가르치는 독서학원보다 더 나을 것이라고 감히 장담할 수는 없지만, 엄마인 제가 지도하는 것이 제 아이에게만큼은 더 효과적이겠다는 판단이 들었습니다.

저의 판단이 옳다고 이야기하려는 것은 아닙니다. 어떤 교육적 활동이 자녀에게 정말 효과가 있는지는 입시를 치르고서야 확인할 수 있으며, 더 길게 내다본다면 자녀가 사회에 나가서 보이는 성취를 통해 확인할 수 있을 겁니다. 아이마다 차이가 있기에 어떤 아이에겐 잘 맞는 교육 방법이 다른 아이에겐 맞지 않을 수도 있고요.

무엇이 내 아이에게 효과적일지 지금은 확신할 수 없습니다. 다만 분명한 것은 자녀의 성장을 위한 선택을 할 때, 그것이 최선책이 될 수 있도록 충분히 고민해야 한다는 점입니다.

제가 독서학원이 아닌 가정독서동아리 운영을 결심하는 데 영향을 준 세 가지 질문을 소개하겠습니다. 자녀의 독서 교육을 어떻게 시작해야 할지 고민하는 분들께 도움이 되길 바랍니다.

하나, 독서 목록의 책들이
아이의 발달 단계에 맞는가?

먼저 다음 표에 제시된 독자 발달 단계와 각각의 특징을 살펴볼
까요? 자신의 자녀가 독자로서 어떤 단계이고, 현재 독서 발달 단
계는 어디쯤인지 생각해 보는 데 도움이 될 겁니다.

독자 발달		독서 발달	학년	독서 자료나 지도 활동의 주요 특징
유아 독자		읽기 맹아기	입학 전	〈문자 인식하기, 따라 읽기〉 문자 지각, 해독 시작, 그림책, 글자책, 낱말카드 등 읽기
어린이독자	전기	읽기 입문기	1~2	〈띄어 읽기, 유창하게 읽기〉 소리 내어 읽기, 해독 완성, 기초 기능, 낭독, 묵독 시작
	중기	기능적 독서기	3~4	〈사실적 읽기, 추론적 읽기〉 의미 중심으로 읽기, 묵독 완성, 꼼꼼히 읽기, 독서에 필요한 다양한 기능 익히기
	후기	공감적 독서기	5~6	〈공감적 독서, 사회적 독서〉 정서적 반응 하기, 몰입하기, 독서 토의·토론하기
청소년독자	전기	전략적 독서기	7~8	〈전략적 독서〉 목적 지향적 읽기, 점검과 조정하기
	중기	비판적 독서기	9~10	〈비판적 독서〉 잠복된 의도 파악하기, 맥락 활용하기

	후기	종합적 독서기	11~12	〈종합적 독서〉 다문서 읽기, 매체 자료 읽기, 신토피컬 독서
성인 독자		독립적 독서기		〈자율적 독서〉 학업 독서, 직업 독서, 교양 독서

출처: 천경록, 〈독서 발달과 독자 발달의 단계에 대한 고찰〉(2020)

보통 독서학원에 가기 시작하는 초등 1~2학년을 살펴보겠습니다. '읽기 입문기'에 해당하는 저학년 아이들은 음독(소리 내어 읽기)이 중요하며, 소리 내지 않고 조용히 읽기는 아직 힘든 시기임을 알 수 있습니다.

그런데 제가 살펴본 대부분의 독서학원 책 목록엔 그림책보다 글밥 위주의 책이 훨씬 많았습니다. 그 책들을 학원의 한정된 수업 시간에 함께 읽고 활동하는 데까지 나아가긴 어렵기에 책 읽기는 대부분 숙제로 내 줬고요. 책 읽기 숙제는 그 자체로도 부담이지만, 학원 수업의 효과를 높이려면 책 내용을 제대로 기억하고 가야 하는데 그 또한 쉬운 일이 아닙니다. 초등 저학년은 긴 이야기 구조를 익히고 이해해서 머릿속에 정리하는 게 어려운 시기니까요.

아이가 책 읽기 숙제를 하기 위해 조용히 앉아 책장을 한 장씩 넘기며 끝까지 읽었다고 해도 내용을 온전히 이해하지 못했을 가능성이 큽니다. 소수의 뛰어난 아이들은 제외하고 말이죠. 물론 학원에서 진행하는 활동은 즐겁게 하고 올 거예요. 책의 세세한 부분을 이해하지 못했거나 대충 읽었더라도, 대화에 참여하거나 친구와 선생님의 이야기를 참고해 글을 쓸 수는 있으니까요.

이제 막 한글을 떼고 스스로 책을 읽기 시작한 저학년은 책을 제대로 읽는 방법을 익혀야 하는 시기입니다. 글자를 읽을 줄 안다고 해서 책이 담고 있는 의미를 충분히 이해하는 게 아니기 때문이죠. 우리가 알파벳을 읽을 줄 안다고 하더라도 영어로 된 문장을 제대로 이해하기 어려운 것과 마찬가지입니다. 쉬운 책을 함께 읽고 충분히 생각해 보는 과정이 필요한 겁니다.

대강의 줄거리를 이해하고 즐겁게 이야기 나누고 온다는 것에 만족하기보다는, 소리 내어 함께 읽을 수 있는 그림책을 읽으며 책이 주는 재미에 흠뻑 빠져 보기도 하고, 어렵지 않은 내용을 정확히 이해하는 연습을 하며 문해력을 촘촘히 쌓아 가야 합니다. 다들 읽는다는 글밥 책, 필독서를 먼저 읽는다고 내 아이의 독서 수준이 올라가는 것은 아닙니다.

물론 독서학원에 보내면 짧은 시간 안에 아이의 성장이 눈에 보일 것입니다. 토론이나 글쓰기의 기술적 측면, 즉 자기 생각을 말과 글로 표현하는 방법은 빠르게 익힐 거예요. 학원에 보낸 지 얼마 안 되었는데 금세 원고지 사용법을 익히고, 자기 생각도 제법 떨지 않고 말하고, 글도 길게 씁니다. 사교육비를 들인 보람을 톡톡히 느끼게 되는 지점이죠. 바로 이 점 때문에 많은 학부모가 자녀의 독서학원 등록 여부를 고민하게 됩니다. 저 역시도 흔들린

적이 있고요.

하지만 제가 더 중요하게 생각한 것은 말과 글의 재료가 되는 '생각'이 충분히 깊어지도록 돕는 것이었습니다. 글쓰기 요령을 습득하고, 토론의 기술을 알게 되었다고 해도 그 안을 단단하게 채울 수 있는 '생각의 알맹이'가 없다면 아무 소용이 없습니다. 생각의 알맹이를 채워 나가려면 깊이 있는 독서를 해야 합니다. 독서를 통해 생각하는 과정을 연습해 나가려면, 아이가 미리 읽고 와야만 수업을 진행할 수 있는 글밥 많은 책이 아니라 함께 읽으며 생각을 나눌 수 있는 책으로 시작해야 합니다. 그러니 글밥은 적고 그림으로 내용을 이해하도록 도와주는 그림책이 적절한 거죠. 이 과정을 아이의 속도에 맞게 천천히 진행해야 이후의 단계들도 순탄하게 밟아 갈 수 있습니다.

기능적 독서기에 해당하는 3~4학년 때는 묵독을 통해 꼼꼼히 읽는 힘이 생깁니다. 그렇기에 학교에서도 교과서 학습량이 갑자기 많아지죠. 발달 단계로 보면 늘어난 학습량을 아이들이 받아들일 수 있는 시기이기 때문입니다. 글밥이 있는 책을 숙제로 내 주고 읽어 오라고 할 수도 있는 시기죠.

하지만 교과서를 읽고 이해하는 데 어려움을 느끼는 아이들이 발견되기 시작하는 것도 이때입니다. 제법 책을 즐기던 아이들이 교과서의 내용과 문제의 의도를 이해하지 못하는 상황이 생기는 이유는 이전 단계에서 읽기 연습을 충분히 하지 못했기 때문입니다. 책의 줄거리만 대강 알고 대화에 참여하게 하거나, 당장 성과가 눈에 보이는 원고지 사용법 또는 맞춤법 익히기에만 힘쓰는 건 읽기의 기초 기능이 완성되어야 하는 초등 1~2학년의 중요한 시기를 아깝게 흘려보내는 일입니다. 조금 쉬운 수준의 책을 읽으면서 그 안의 의미를 여러 번 곱씹어 보고, 다양한 생각을 나누는 경험을 쌓는 아이만이 초등 3~4학년을 수월하게 보낼 수 있습니다.

시중에 나와 있는 학년별 추천 도서가 의미 없다는 이야기가 아닙니다. 아이들이 재밌게 읽고 공감할 수 있는 책들이기 때문에 저 또한 제 아이에게 읽힙니다. 다만 일주일에 한두 번은 아이의 읽기 능력을 길러 주기 위해 아이의 발달 단계에 적절한 자극을 줄 수 있는 책을 고릅니다. 그래야 단계에 맞는 활동을 할 수 있으니까요. 이런 과정이 차곡차곡 쌓여야 이후 자기 생각을 바탕으로 제대로 된 독서 토론을 하는 5~6학년이 될 수 있으며, 문해력을 꽃 피워야 하는 청소년 독자 시기에 비판적·종합적 독서를 할 수 있게 됩니다. 궁극적으로는 자신의 필요에 따라 능동적이고도 자율적으로 독서하는 성인 독자로 살아갈 수 있고요.

제 아이가 이런 독자로 살아가길 원하기에 어느 단계도 빠르게 뛰어넘으려고 욕심부려서는 안 된다고 생각했습니다. 아이의 발달 단계보다 앞서가는 독서 교육이 아니라 아이의 수준에 맞는 책을 골라서 그에 걸맞은 활동을 하고 싶었기에 학원에 보내지 않고 제가 직접 해 보기로 결심했습니다.

둘, 독서 목록의 책들이
아이의 흥미와 수준을 반영하는가?

독서학원의 도서 목록을 보면서 들었던 또 다른 생각은 '이 책들을 읽으면 정말 좋겠지만, 지금 내 아이가 이 책들을 과연 흥미롭게 읽을 수 있을까?' 하는 것이었습니다. 이른바 명작이라고 할 만한 책들이었기에 저도 읽히고 싶었지만 아이가 읽기엔 재미가 없거나 아직은 의미를 충분히 이해하기 어려울 것 같았거든요.

제 아이가 이런 책들을 학원 수업을 통해 잘 소화해서 100퍼센트 자기 것으로 만들 수 있다면 기꺼이 외주를 맡겼을지도 몰라요. 하지만 쉽지 않은 일이라고 생각했습니다. 물론 뛰어난 몇몇 아이는 이 책들을 충분히 소화할 수 있을 것이고, 뿌듯한 결과물도 낼 수 있을 거예요. 하지만 보통의 아이들이 그 책들의 내용을 완전히 소화하고 다양한 독서 활동, 글쓰기, 생각 표현, 토의, 토론 등의 단계까지 가기엔 힘들어 보였습니다.

적절히 어려운 책을 통해 아이들의 수준을 올려 나가는 과정이 필요하다고는 생각합니다. 다만, 아이들의 흥미를 고려해야 아이들이 읽고 싶어 하겠죠. 저학년 단계에서는 일단 책에 흥미를 느끼며 전투적으로 달려들어 읽을 수 있도록 해야 합니다. 책에 흥미가 없는 아이라면 흥미를 느끼도록 돕는 것부터 시작해야죠.

고학년도 마찬가지예요. 발달 단계상으로는 내용을 이해하며 읽을 수 있는 시기지만, 유튜브 쇼츠(Shorts)나 인스타그램 릴스(Reels)에 익숙한 요즘 아이들이 긴 호흡의 글을 읽고 제대로 이해하기란 쉽지 않습니다. 독서 발달 단계도 중요하지만 내 아이의 독서 발달 단계와 흥미, 수준을 들여다볼 수 있어야 합니다. 그렇다고 고학년 아이에게 너무 쉬운 그림책을 들이밀면 거부당할 거예요. 이때는 아이가 흥미를 느끼는 글밥 책을 추천해 줌으로써 독서 발달 수준을 끌어올릴 수 있게 노력해야 합니다.

책 읽기는 쉽고 재미있게 시작해야 하고, 나중에도 재미있어야 합니다. 그러려면 아이의 수준과 흥미를 파악할 수 있어야 해요. 이건 내 아이를 잘 알고 있는 엄마만 할 수 있는 일이죠. 독서학원의 선정 도서는 아이들의 수준과 흥미를 반영하기 어렵습니다. 선정 도서 목록 자체가 학원의 경쟁력이자 홍보 전략이기 때문입니다. 학원은 어떤 책을 읽고 활동하느냐에 따라 좋은 곳인지 아닌지 평가받기 때문에 필독서, 권장 도서, 고전으로 두루 인정받는 책, 글밥이 제법 있는 책을 선정할 수밖에 없습니다. 게다가 운영상의 편의를 위해 고정된 커리큘럼을 따를 수밖에 없으니 아이들의 수준이나 상황에 맞춰 도서 목록을 바꾸며 진행할 가능성도 낮고요.

독서학원에서 읽는 책들의 가치를 부정하는 게 아닙니다. 다만 내 아이의 관심이나 수준을 바탕으로 한 것이 아니기 때문에 효과가 떨어질 수 있다는 것입니다. 아이의 관심, 독서 수준, 배움의 속도는 고정되어 있지 않습니다. 성장 과정에서 급격하게 변하기도 하고 정체되기도 하죠. 이런 흐름에 엄마는 민감하게 반응하며 책의 수준, 내용, 활동 등에 변화를 줄 수 있습니다.

아이와 함께 책을 읽다 보면 더 관심을 보이는 분야가 드러나기도 합니다. 그럴 때는 그 부분을 심화시킬 수 있는 책을 선정해서 독서 활동을 할 수 있어요. 학교의 행사나 일정과 관련된 책을 골라 학교 교육과 연계하여 독서 효과를 높일 수도 있고요.

책을 읽었다는 사실보다 중요한 것은 독서 과정을 통해 책에 담긴 의미를 이해하는 연습을 하고, 이해한 내용을 삶과 연결해서 생각할 수 있게 하는 것입니다. 그러려면 고정된 커리큘럼을 벗어나 아이의 수준과 속도에 맞추는 아이 중심의 커리큘럼이 필요하고, 가정독서동아리가 그 역할을 해 줄 수 있는 겁니다.

셋, 엄마가 아이의 성장을 느긋하게 지켜봐 줄 수 있는가?

아이를 학원에 보내면 당연히 학원비를 지출하게 됩니다. 피아노, 태권도, 수영, 영어, 사고력 수학, 과학 실험 등 학원을 늘릴 때마다 가정의 경제적 부담도 늘어갑니다. 그렇기에 부모는 학원비를 낼 때마다 그만큼의 효과를 거두고 있는지를 늘 생각하게 됩니다.

특히 국·영·수처럼 학습 목적이 강한 학원에 보낼 때는 학습 성취도를 생각하게 되죠. 돈을 들여 학원을 보냈는데 성과가 보이지 않으면 엄마는 조급해집니다. 슬슬 본전 생각도 나고요. 숙제는 제대로 하고 있는지, 수업은 잘 듣고 있는지, 학원 수업이 허술한 것은 아닌지를 생각하며 머릿속이 복잡해집니다. 결국 이러한 엄마의 불안감과 조급증은 아이에게 그대로 전해집니다.

저는 자신이 없었습니다. 독서학원에 보냈는데도 책 내용을 이해하고 글을 쓰는 수준이 제 기준에 미치지 못했을 때, 본전 생각을 하지 않고 느긋하게 보낼 자신이요. 책을 읽고 생각을 깊이 해 본 뒤, 글이나 말로 결과물을 만들어 내는 과정은 단기간에 일어날 수 없습니다. 그 효과를 명시적으로 확인할 수도 없기에 더 불안해지기 쉽습니다. 수학·영어 학원의 효과는 학교의 단원 평가 점수를 통해 짐작할 수 있지만, 독서학원은 아이가 활동지를 잘 채웠다고 해도 책 내용을 완전히 이해하고 쓴 것인지 알기 어렵습니다. 생각하는 바를 말과 글로 완전하게 표현하여 전달하는 것은 성인에게도 어려운 일이기에, 초등 시기의 아이들이 만든 결과물만 보고 아이의 머릿속에서 일어나는 사고 과정이나 수준을 섣불리 판단할 수 없어요. 그저 매주 독서학원에 다니고 있고, 어떤 책을 하나씩 읽어 내고 있다는 것만 분명할 뿐입니다.

게다가 경제적으로 힘들 때 수학이나 영어보다 독서학원을 먼저 중단하게 됩니다. 문해력은 꾸준함이 무엇보다 중요한 영역인데도 학부모들에겐 영어나 수학보다 우선시되지 않으니까요.

　돈을 들이지 않고 엄마가 직접 독서 교육을 진행하면 투입 대비 효율을 따지는 대신 아이의 성장 속도에 맞추어 여유 있게 진행할 수 있다는 장점이 있습니다. 여기서 얻어지는 여유로움은 아이의 독서 활동과 결과물을 조금 더 편안한 시선으로 바라볼 수 있게 해 주고, 중단 없이 긴 호흡으로 나아갈 수 있게 해 줄 것입니다.

엄마표 독서교육, 아이에게 평생 남을 유산입니다

제가 직접 가정독서동아리를 운영하고 있다고 이야기하면 주변 사람들은 대부분 이렇게 반응합니다. "혼자 봉사하는 거야? 다른 엄마들은 좋겠다!" 제 직업이 교사이기 때문에 동아리 운영에 대한 대가를 받고 싶어도 받을 수 없다는 걸 알고 있는 지인들의 반응입니다.

봉사라고 생각한다는 것 자체가 제가 운영하는 가정독서동아리의 가치를 높게 평가해 주는 것이니까 그것만으로도 감사한 일입니다. 하지만 저는 봉사라고 생각하지 않습니다. '봉사'는 내가 아닌 남을 위해 헌신하는 걸 의미하는데, 제가 가정독서동아리를 운영하는 것은 남이 아닌 제 아이를 위해서이기 때문이죠.

봉사가 아니라
내 아이를 위한 이기심에 시작한 일

저도 다른 엄마들과 마찬가지로 제 아이가 자신이 원하는 삶을 안정적으로, 행복하게 살기를 바랍니다. 경쟁이 치열한 세상에서 타인과 구별되는 특별한 경쟁력을 가졌으면 좋겠다는 욕심도 있습니다. 저는 그런 삶에 도달하도록 도와줄 방법이 바로 독서라고 생각했습니다. 삶의 지혜를 얻는 데 도움이 되는 책을 언제든지 펼쳐 들어 능동적으로 답을 찾아가는 사람으로 성장한다면, 자신이 원하는 인생을 살아가는 데 분명히 도움이 될 것이라고요. 어느 순간 문제에 부딪혔을 때 '책'이 문제를 해결해 줄 방법 중 하나임을 자연스레 떠올릴 수 있다면, 삶의 선택지가 늘어나게 되는 것이니까요.

기나긴 인생을 책과 함께할 수 있으려면, 책을 매개로 소통할 수 있는 든든한 친구들이 필요합니다. 아이가 어릴 때는 엄마가 책 친구가 되어 줄 수 있지만, 조금 더 성장한 시기에는 또래 친구와 함께 읽는 것이 더 바람직합니다. 아이가 자유롭게 책을 읽고, 생각하고, 고민하며 답을 찾아갈 때 친구들이 곁에 있어 준다면 그보다 든든할 수 있을까요?

그래서 시작했습니다. 내 아이에게 책을 매개로 평생 소통할 보물 같은 친구들을 만들어 주는 것. 그것이 바로 엄마로서 아이에게 남겨 줄 수 있는 엄청난 유산이라고 생각했습니다.

그러니 제 아이를 위한 것이지 남을 위한 봉사가 아닙니다. 저는 가정독서동아리를 운영하며 힘들다고 느낄 때마다 스스로 이렇게 되뇌곤 합니다.

나는 내 아이가 엄마의 개입 없이도 책을 즐길 수 있는 수준이 되었을 때 책을 매개로 소통할 친구를 만들어 주려고 하는 지 극히 욕심 많은 엄마야. 함께할 친구들의 수준이 함께 높아져 야 내 아이도 좋은 영향을 받을 테니 친구들의 수준까지 높여 주려는 무서운 전략가지. 그러니 나는 철저하게 이기적이야. 내 아이를 위해 아이 친구들의 독서력도 높이려는 것이거든!

몇 년 동안 가정독서동아리를 이끌어 오면서 힘들다는 생각을 한 번도 안 했다면 거짓말일 겁니다. 몸이 안 좋으면 쉬고 싶기도 하고, 제 아이가 너무 말을 안 들을 때는 '내가 누굴 위해 이 수업 을 하고 있는데 이러는 거야?'라고 생각하며 아이에게 제 노력을 알아 달라고 떼쓰는 엄마가 되기도 하죠. 제 욕심에 시작한 일인 데 말이에요.

내가 착해서가 아니라 내 안의 이기심 때문에 하는 일이라는 걸 인정하고, 스스로 그렇게 생각해야 가정독서동아리를 운영할 때 불쑥불쑥 찾아오는 힘겨움을 이겨낼 수 있습니다. 봉사라고 생각하는 순간 자신에게 너무 많은 걸 허락하게 됩니다. '사정이 있으면 하루쯤 건너뛸 수도 있지. 그냥 해 주는 건데, 뭐.' 이런 생각이 들거든요.

너무 비장하게도,
너무 가볍게도 시작해선 안 되는 일

너무 비장하게 시작할 필요도 없지만 하다가 힘들면 그만둘 수 있다는 마음으로 시작해서도 안 됩니다. 아이들의 시간은 모두 소중하기 때문이에요. 하루가 다르게 성장하는 아이들에게 시간은 무엇보다 중요한 자원인데, 아무리 학원비를 아낀다고 해도 아이들에게 도움이 되지 않는다면 그 자원이 그냥 낭비되는 것과 마찬가지니까요.

이기심으로 시작했다고 하여 내 아이만 챙겨서도 안 됩니다. 친구들이 성장하지 않는데 내 아이만 성장하는 일은 없습니다. 서로 건강한 자극을 주고받아야만 함께 성장할 수 있다는 마음으로 임해야 합니다. 내 아이만 챙기고 다른 아이에게 소홀하다면, 결국 모두가 알아채고 말 거예요.

하지만 제 경우 이 점은 애초에 걱정할 필요가 없었습니다. 제 몸속에 흐르는 강력한 친자 인증의 동력이 제 아이를 더 강력하게 비판하는 에너지로 작동하더라고요. 이처럼 같은 행동을 해도 다른 집 아이는 이해가 되는 반면 내 아이에겐 불만족을 느낄 수 있는데, 이 때문에 자기 아이에게 부정적 피드백을 하게 되는 것 역시 조심해야 할 겁니다.

가정독서동아리를 엄마 혼자 진행해도 충분한 이유

"가정독서동아리를 함께 꾸려 나가는 엄마들이 자녀의 독서 교육에 대해 모두 같은 목표를 가지고 있다면, 다른 엄마들과 번갈아 가면서 모임을 진행해도 되지 않을까요?"

이렇게 생각하는 분들도 있을 겁니다. 당연히 그렇게 해도 됩니다. 그러면 수업 부담을 줄일 수 있고, 아이들도 다양한 수업 방식을 접할 수 있을 테니까요.

그럼에도 저 혼자 총대를 메기로 결심한 이유는 다음의 네 가지 우려 사항 때문이었어요. 물론 이 방법이 꼭 정답인 것은 아니니, 운영 방법을 고민하는 분이라면 다음의 사항들과 자신의 상황을 고려하여 결정하면 됩니다.

합동 운영이 어려운
네 가지 이유

부담감 때문에 제안을 거절할 수도 있어요

활동 준비나 운영에 따른 부담을 모두가 나눠 지자고 하면, 기꺼운 마음으로 함께할 학부모님이 많지 않을 것이라 생각했습니다. 전업맘에게든 워킹맘에게든, 아이들을 모아 수업을 진행하는 것은 선뜻 하기 어려운 일입니다.

가정독서동아리의 좋은 취지를 잘 이해하고, 평소 가정에서 자녀와 독서 시간을 충분히 확보하고 있던 학부모님이라도 부담을 느끼고 저의 제안을 거절할 수 있다는 생각이 들었습니다. 그러면 제 아이가 친구와 즐겁게 활동할 기회가 날아가는 거잖아요. 그건 제 아이에게 큰 손해라고 생각했습니다. 한마음 한뜻으로 아이들 독서지도를 함께해 나가겠다는 학부모 그룹이 이미 형성되어 있다면 감사한 마음으로 참여하면 되겠지만, 보통은 쉽지 않은 일이죠.

수많은 변수가 모임의 지속성을 위협해요

만약 감사하게도 함께하겠다는 분들이 계셔서 번갈아 가며 진행하더라도 활동 과정에서 예상치 못한 변수가 불거지기 마련입니다. 실제 활동을 해 보니 수업 준비가 너무 힘들다거나 일과 병행하기 어려워서 그만두겠다고 하는 분이 나타날 수 있어요.

그러면 그 엄마의 자녀는 가정독서동아리 활동을 계속할 수 있을까요? 함께해 온 아이이니까 아이만은 계속하게 하자고 할 수도 있습니다. 하지만 이러면 엄마들 사이에 불만이 쌓이게 됩니다. 아이 스스로 당당하지 못하다는 기분이 들 수도 있고요.

이처럼 학부모의 사정 탓에 아이까지 활동에서 빠지게 된다면 모임을 안정적으로 지속하기가 어려워질 수 있다고 생각했습니다.

독서 활동의 연속성을 떨어뜨릴 수 있어요

아이들과 어떤 활동을 할 때 계획대로 정해진 시간에 딱 맞춰 끝내기란 쉽지 않습니다. 고등학교에서 수업할 때도 반마다 성향이 다르고 배움의 속도가 달라서 같은 수업을 하는데도 진도가 제각각이거든요. 학생들은 항상 예상에서 벗어난다고 보면 됩니다. 만약 진도를 맞추려고 학생들의 속도를 무시하고 교사가 정한 속도로 수업한다면 어떻게 될까요? 아이들은 제대로 된 학습을 할 수 없습니다.

학교나 학원에 비해 가정독서동아리는 아이들의 속도에 맞춰 진행하기가 훨씬 수월합니다. 시간에 맞춰 서둘러 끝내는 대신 아이들이 책 내용을 충분히 이해하고 대화를 나눌 수 있게 기다려 주고, 활동이 잘 이루어질 수 있도록 천천히 이끌어 줄 수 있죠. '정해진 시간 안에 끝나지 않으면 다음 시간에 이어서 하면 되지!' 하는 융통성을 발휘할 때 아이들이 더 편한 마음으로 책을 읽고 활동할 수 있습니다. '시간이 끝나 가는데 이런 질문을 해도 되나?' 하고 고민하지 않아도 되는 거예요.

그런데 다른 엄마들과 일정을 나누어 진행하다 보면, 학교나 학원 수업처럼 정해진 시간 안에 진도를 마쳐야 한다는 압박감 때문에 가정독서동아리의 장점을 살리기 어려워진다고 생각했습니다.

독서 활동의 안정성이 흔들리게 돼요

여러 명의 엄마가 활동을 진행하면, 장소와 진행자가 매주 달라집니다. 이 점이 다양성이라는 장점을 주는 대신 안정감은 떨어뜨린다고 보았습니다.

어린아이일수록 과제에 집중하는 시간이 짧고, 외부 자극에 더 민감하게 반응합니다. 매주 다른 친구의 집에 가서 다른 엄마에게 수업을 듣는다면 아이들은 매주 변화하는 외부 환경과 만나야 합니다. 언젠가 적응하긴 하겠지만, 아이들이 독서 활동에 집중해야 할 때 외부 자극으로 주의력이 분산되게 하고 싶지 않았습니다.

정해진 장소, 정해진 선생님과 함께 활동하면 초반 몇 주 정도는 적응이 필요하겠지만 곧 익숙해질 테니 '집중력을 분산시키는 외부 자극'은 사라집니다. 따라서 활동에 안정적으로 집중할 수 있으리라고 보았습니다.

고학년이라면 이런 자극에 조금 더 수월히 적응할 수도 있을 겁니다. 그렇지만 저는 저학년 아이들과 시작했기 때문에 외부 자극의 영향을 줄이기 위해 혼자 진행하기로 했습니다.

혼자 활동을 준비하려면 여럿이 번갈아 가며 진행하는 것보다 몸은 힘들 수 있어도, 제가 지향하는 가정독서동아리 활동을 할 수 있으니 마음은 오히려 편할 것 같았습니다. 다만 저의 가정독서동아리 운영 방식에 대한 의견이 있거나, 추천하는 좋은 책 목록이 있거나, 그 밖에 하고 싶은 얘기가 있다면 언제든 편하게 이야기해 달라고 학부모님들께 말씀드렸답니다.

가정독서동아리 운영으로 얻는 세 가지 장점

가정독서동아리를 운영하며 돈을 받고 있지는 않지만, 저 스스로 학원 운영자이며 독서 교육 전문가라는 마음으로 임하고 있습니다. 국어 교사라서 그런 것 아니냐고 할지도 모르지만, 아이를 키우기 전의 저는 그림책에 전혀 관심 없는 사람이었습니다.

처음에는 저 역시 초등 단계의 활동을 어느 정도의 수준으로 계획해야 하는지 전혀 몰랐어요. 그래서 시행착오를 많이 겪었습니다. 정해진 시간 안에 수업을 마치지 못하는 날이 많았고, 아이들의 수준을 잘 고려하지 못해서 너무 어렵거나 쉬운 활동을 진행하기도 했죠.

하지만 시간이 갈수록 나름의 노하우가 쌓이면서 점점 더 수월해졌습니다. 그러면서 가정독서동아리에는 다음과 같은 장점이 있다는 걸 체험으로 알게 됐어요.

독서 교육에 대한 전문성이 쌓여요

활동이 끝나고 나면, 계획대로 되지 않았더라도 그날의 내용을 정리해 블로그나 인스타그램에 공유하면서 하루를 돌아보고 아쉬운 지점이 어디인지 생각해 보곤 했습니다. 아이들의 독서 활동과 관련한 책들을 찾아서 읽어 보며 공부하기도 했고요. 이렇게 공부하고 꾸준히 기록하다 보니 제 활동에서 잘된 점과 그렇지 않은 점을 더 잘 알게 되었고, 수업 준비를 하는 과정도 점차 수월해졌습니다. 그런 기록이 꾸준히 쌓이면서 제가 진행하는 활동에 대해 질문을 해 주시는 분, 가정에서 저의 자료를 사용하는 분들도 생겨났고요.

그림책에 관심이 없던 제가 자녀의 독서 교육에서 전문성을 가진 사람으로 인정받기 시작했습니다. 그리고 이렇게 책까지 출간하게 되었죠. 이처럼 가정독서동아리 운영은 아이뿐만 아니라 엄마도 성장시킵니다.

SNS를 기반으로 소소한 부수입을 얻을 수 있어요

가정독서동아리 활동 내용을 블로그나 인스타그램에 꾸준히 기록하다 보니 책과 관련한 체험단이나 서평단 제의가 들어오기 시작했습니다. 저는 교사라서 할 수 없는 것들이 대부분이었지만, 여러분은 아이들과 읽을 그림책을 무상으로 제공받거나 신간을 빠르게 접해 볼 수 있을 거예요.

큰돈은 아니지만 부수입을 얻을 기회도 생깁니다. 예를 들어, 꾸준한 기록을 통해 블로그 방문자가 늘어나면 네이버 애드포스트 수익을 얻을 수 있습니다. 수익만을 목적으로 글을 올린다면 터무니없이 적은 보상이지만, 정말 좋은 점은 금전적 이익과 더불어 엄마로서 효능감이 높아진다는 데 있습니다.

내 아이를 위해 시작한 일이 다른 사람들에게도 유용한 가치를 지니게 될 때, 제가 꽤 쓸모 있는 사람이라는 걸 알게 되더라고요. '엄마'라는 자아를 넘어 한 개인으로서 긍정적 자존감이 쌓이고, 이 긍정적 정서는 다시 육아 에너지로 환원되기 때문에 결국 아이에게도 도움이 됩니다.

공부방 운영과 같은 제2의 직업을 꿈꿀 수 있어요

가정독서동아리를 3년째 운영해 보니 노하우가 쌓이는 것을 스스로도 느낄 수 있었습니다. 활동지를 만드는 시간이 줄어들었고, 책을 고르는 저만의 기준과, 더불어 장난꾸러기 아이들을 다루는 요령도 생겼죠. 더 잘하고 싶어서 독서지도사 자격증까지 취득했습니다. 저는 교사이기 때문에 어디 가서 자격증을 사용할 일은 없겠지만, 이왕 독서 지도를 하기로 했다면 제대로 알고 시작하자고 마음먹은 겁니다.

독서지도사 자격증은 과정별로 일정 시간을 투자해 공부하면 어렵지 않게 취득할 수 있습니다. 독서동아리를 시작하기 전에 취득해 두면 '선생님도 아닌데 해도 되는 걸까?' 하는 불안감을 떨쳐 내고 자신감 있게 시작할 수 있어요. 물론 가정독서동아리 활동을 진행하다가 필요성을 느낄 때 취득해도 늦지 않습니다.

이런 자격증을 취득하면 좋은 점은 아이들의 독서 지도에 더욱 자신 있게 임할 수 있을 뿐만 아니라 자격증을 바탕으로 독서 지도를 해 주는 공부방을 운영할 수 있다는 점입니다. 아이들과 함께 꾸준히 활동하고 자료를 쌓아 가는 모든 과정이 나중에 경력 단절을 극복하고 자신만의 직업을 만들어 갈 밑바탕이 되리라고 생각하면 가정독서동아리 활동에 탄력을 받을 수 있을 거예요.

내 아이를 위해 시작한 일이 엄마를 성장시키면서 새로운 직업 세계를 열어 갈 기회를 준다면 정말 행복한 일이겠죠?

PLUS
TIP

독서지도사 자격증은
어떻게 딸 수 있나요? ————

독서지도사 자격증 또는 독서논술지도사 자격증을 취득하면 방과
후 수업, 어린이 도서관, 아동 교육기관, 아동센터 등에서 전문 독서
지도사로 활동할 수 있으며, 독서 활동을 하는 공부방이나 학원을
운영할 수 있습니다.

인터넷에서 '독서지도사 자격증'을 검색하면 발급 기관이 여럿 나오
는데, 다음과 같은 기준으로 선정하면 됩니다.

🔍 정식 등록된 민간 자격증인가?

정식으로 등록되어 있어야 기관에 제출하는 증빙 서류로서의 가치
가 있으므로 이 점을 꼭 확인해야 합니다.

🔍 강의 내용이 내가 필요한 것을 담고 있는가?

검색된 각 기관의 누리집을 방문하면 자격을 취득하기 위해 들어야
하는 강좌의 수와 강의명이 정리되어 있습니다. 내용을 비교해 보면

서 자신에게 필요한 내용을 더 많이 가르쳐 주는 기관의 자격증을 취득하는 게 좋습니다.

🔍 무료로 자격을 취득할 수 있는 기관인가?

정부 지원을 받아 자격증 발급 과정 전체를 무료로 진행하는 기관도 있습니다. 기관별 커리큘럼을 비교해 보고, 무료로 취득할 수 있는 곳의 교육과정이 자신에게 맞는다면 그 기관을 선택하는 게 더 좋겠죠?

독서지도사 자격증 강의는 대다수가 온라인으로 진행되므로 편한 시간에 들을 수 있습니다. 육아 때문에 오프라인 수업을 받기 어려운 분들에게는 큰 이점이죠. 대체로 하루 30분씩 한 달 정도 수업을 들으면 되는 학습량이라 일정을 조절한다면 더 짧은 시간에 학습을 끝낼 수도 있습니다. 일정 출석률을 달성하고, 온라인 시험에서 60~70점 정도의 점수를 받으면 자격증을 받을 수 있는 경우가 대부분이므로 엄마들의 자기계발을 위해 도전해 볼 만합니다.

시험을 본다는 것 때문에 걱정될 수도 있겠지만, 대부분 배포된 교안에서 문제가 나오기 때문에 자투리 시간을 내어 한 달만 꾸준히 하면 어렵지 않게 자격증을 취득할 수 있습니다. 가정독서동아리를 진행해 보기로 결심했다면 자격증 취득 과정을 밟아 보길 권합니다.

혼자 읽을 땐 얻을 수 없는 '함께 읽기의 힘'을 발견하다

　독서의 중요성은 이제 누구나 잘 알고 있으며 육아 전문가들도 한목소리로 강조합니다. 실제로도, 자녀에게 책을 읽히고 자녀와 함께 독후 활동을 하는 부모님이 많아졌습니다. 하지만 아이 친구들까지 모아 독서동아리를 꾸려 나가는 경우는 여전히 드뭅니다. 아이가 부모에게 '친자 인증'의 시련을 안기지 않고 잘 따라 주는 편이거나, 그럭저럭 무난하게 활동이 진행된다면 굳이 판을 크게 벌이고 싶지 않을 테니까요.

　그런데 판을 크게 벌이면 그만큼 아이가 책과 함께 뛰노는 판도 커집니다. 그러면 어떻게 될까요? 아이가 자유롭게 누비고 다니는 세상이라는 판도 커집니다. 아이와 함께 가정독서동아리를 운영하면서 저는 매 순간 '함께 읽기의 힘'을 발견하고 있습니다. 이를 통해 제 아이가 자신의 세상을 더 확장해 나갈 수 있으리라는 믿음도 단단해지고 있습니다.

함께 읽으면 의미를 더 꼼꼼히 생각하게 돼요

초등학생이 되면서 학습 만화의 재미에 빠져 버린 아이들은 상대적으로 단조로운 그림책이나 글밥 책을 읽을 때 재미있는 내용만 골라 읽곤 합니다. 하지만 함께 책을 읽고 이야기를 나누는 가정독서동아리 시간만큼은 그렇게 할 수 없어요. 꼭꼭 씹어서 제대로 읽어야 하니까요. 함께 읽으면 아이는 혼자일 때보다 더 꼼꼼히 생각하게 됩니다. 평소라면 금세 읽고 덮어 버렸을 텐데, 함께 읽을 때는 친구가 궁금해하는 것을 보면 자신도 덩달아 궁금해지거든요. 혼자서는 미처 발견하지 못했던 책 속 의미를 보물찾기하듯 찾아내기도 하죠.

이름이 같은 다섯 명의 '미자' 이야기를 다룬 《오, 미자!》(박숲 글·그림, 노란상상)를 읽고 활동했을 때를 소개해 볼게요. 책을 읽기 전 제목만으로 책 내용을 예측해 보는 활동을 했는데, 아이들은 표지의 그림과 제목을 연결하면서 자유롭게 이야기하기 시작했어요.

《오, 미자!》, 박숲 글·그림
노란상상

윤효: 얼굴이 보이는 사람들이 다 여자고, 다섯 명이 모두 미자인가 봐.

석호: 아! 다섯 명의 미자라서 제목이 '오, 미자!'인가?

한솔: 오, 그렇네! 그런데 왜 이름이 똑같은 거지?

은서: 서로 닮은 점이 있나? (손뼉을 치며) 앗! 먹는 '오미자'하고 글자가 똑같아.

윤효: 다섯 가지 맛, 오미자?

한솔: 그럼 다섯 가지 인생을 이야기하는 건 아닐까?

석호: 인생에도 단맛, 쓴맛, 신맛 등 다양한 맛이 있다잖아.

윤효: 그렇네! 그럼 미자들의 다양한 인생이 그려지는 걸까?

은서: 이름은 같지만 다 다른 삶을 사는 걸지도 몰라.

먹는 오미자 이야기가 나오지 않길래 넌지시 말해 줄까 말까 고민하던 중이었는데, 한 아이의 말에 다른 아이들이 기다렸다는 듯이 자기 생각을 덧붙이며 '다섯 가지 맛'에 대한 이야기를 나누었어요. 그때부터는 다른 차원의 호기심을 느끼며 책 내용을 궁금해하더라고요.

만약 여기서 제가 먼저 말을 꺼냈다면 아이들이 이만큼 흥미롭게 이야기를 나눌 수 있었을까요? 아마 아닐 겁니다. 친구의 생각을 마중물 삼아 이야길 나누며 자기 생각을 확장해 나간 덕분에 아이들은 더 능동적이고 적극적인 자세로 책 내용의 의미를 탐색하고 싶어 했어요.

친구의 생각에 자기 생각을 덧대며 신나게 이야기하고, 궁금증이 계속해서 확장될 때 책에 대한 호기심이 더 크게 자라날 수 있습니다. 책을 더 꼼꼼히 읽게 되는 것은 말할 것도 없고요. 책 제목만 보고도 이렇게 많은 이야기가 오가니, 책을 읽는 동안에는 얼마나 많은 이야기를 나누고 책의 의미를 구석구석 살펴보게 될지 짐작이 가시죠?

이런 시간이 일주일에 한 번씩 꼬박꼬박 저축되면 아이의 독서 습관을 의미 있게 변화시켜 놓을 겁니다. 혼자서 책을 읽을 때도 다양한 해석의 가능성을 염두에 두고, 머릿속에 여러 실문을 스스로 떠올리고 답해 보게 되죠.

저마다 다른 생각을 주고받으며
사고력을 키워 가요

수업을 준비할 때마다 아이들의 반응을 예상해 보지만, 아이들은 제가 미처 생각하지 못했던 부분에서 기발함을 보여 주곤 합니다. 이런 느낌을 받는 건 아이들 사이에서도 마찬가지입니다. 자신이 생각하지 못했던 점을 친구가 이야기할 때 신선함을 느끼죠. 평소에 관심을 보이지 않던 영역이지만 친구가 관심 있어 하면 덩달아 관심을 보이기도 합니다. 독서 편식을 하던 아이도 친구들의 관심사에 주의를 기울이면서 다양한 분야로 관심을 확장해 나갑니다. 한 명이 아닌 여러 명의 눈으로 책을 읽고 생각을 나누는 과정을 통해 사고가 확장되기 때문에 다양성을 받아들일 수 있게 됩니다.

《오싹오싹 크레용!》(에런 레이놀즈 글, 피터 브라운 그림, 홍연미 옮김, 토토북)을 읽고 활동할 때였어요. 공부든 그림 그리기든 다 잘할 수 있게 해 주는 마법의 크레용을 우연히 갖게 된 토끼 재스퍼의 이야기를 담은 책이에요. 이 책을 읽고 아이들은 자신의 노력을 통해 얻은 결과만이 값진 것이며, 노력 없이 좋은 결과를 안겨 주는 크레용은 쓰지 않는 것이 맞다는 이야기를 주로 나누고 있었습니다. 그런데 한 아이가 이렇게 말하더라고요.

"좋은 도구가 있는데 아예 안 쓰는 것보다는 잘 쓸 방법을 찾는 게 좋은 것 아닐까?"

'크레용을 사용하는 것=노력 없이 좋은 결과를 얻으려는 꼼수'로 생각이 굳어져 있던 다른 아이들은 이 친구의 말을 '노력 없이 좋은 결과를 누릴 수 있다면 그 방법이 잘못되어도 괜찮다'라는 의미로 받아들이면서 논쟁하기 시작했어요. 그리고 갑론을박 끝에 크레용과 같은 도구는 우리가 살아가면서 누리는 '문명의 이기'와 비슷한 성격을 지닌다는 데까지 생각이 미친 것 같았습니다(물론 '문명의 이기'와 같은 어려운 단어가 아이들에게서 나온 것은 아니지만요).

휴대전화로 할 수 있는 일이 무궁무진하지만 이걸 어떻게 사용하느냐에 따라 마법과 같은 도구가 될 수도 있고, 그렇지 않을 수도 있는 것처럼 말이에요. 아이들은 만약 재스퍼도 크레용을 지혜롭게 사용할 방법을 고민해 보고 갈등을 해결할 다른 방법을 찾아나갔다면 어떠했을지 이야기를 나누었어요.

이렇게 아이마다 생각이 다르기에 같은 책을 읽고도 이야기할 내용이 무척 다양합니다. 다양한 생각을 함께 나누고, 문제에 맞닥뜨렸을 때는 해결 방안을 찾고자 대화를 발전시킵니다. 무수한 정답 후보를 꺼내 보고, 무엇이 더 적절할지 이야기하죠. 이야기가 끝나도 정답을 찾지 못할 때가 더 많지만 괜찮습니다. 답을 찾는 것보다 더 중요한 것은 방법을 찾아가는 과정에서 아이들이 미릿속에 다양한 선택지를 떠올려 보고 생각을 나누는 경험을 할 수 있다는 것입니다. 이를 통해 앞으로 인생에서 만나게 될 다양한 문제를 해결할 수 있는 방법들을 차곡차곡 저축해 둘 수 있을 거예요.

친구와 함께하기에 알 수 있는
내 아이의 속마음

첫째 아이는 자기 이야기를 털어놓지 않는 편입니다. 남자아이의 특징일지도 모르지만, 학교에서 있었던 일이 궁금해서 물어봐도 "몰라요, 기억 안 나요.", "별거 없어요." 같은 대답이 돌아오곤 합니다. 그런 아이가 친구들과 가정독서동아리 활동을 할 때만큼은 책과 관련한 경험을 털어놓으면서 자기 이야기를 많이 합니다. 그 덕에 저는 첫째 아이의 가치관, 친구들과의 관계, 학교에서 있었던 일 등을 알게 됐습니다.

첫째 아이가 2학년일 때, 학급 내 괴롭힘을 다룬 책 《짜장 짬뽕 탕수육》(김영주 글, 고경숙 그림, 재미마주)을 읽고 활동을 진행한 적이 있습니다. 책을 읽기 전에 책과 관련한 경험을 환기하는 차원에서 학교에서 친구를 괴롭히는 아이나 괴롭힘을 당하는 친구가 있지는 않은지 물어봤습니다. 그랬더니 제 아이가 "저 ○○한테 맞았어요."라고 이야기하는 거예요. 순간 머리를 한 대 맞은 듯 엄청난 충격을 느꼈습니다. 다 같이 있는 상황이라 제 아이만 붙들고 계속 이야기할 수는 없어 혼란스러운 마음을 억누르며 수업을 마쳤고, 아이에게 따로 자세한 정황을 물었습니다.

알고 보니 그 친구는 1학년 때도 제 아이를 때렸고, 제 아이뿐 아니라 다른 아이도 때려서 담임 선생님께 꾸중을 들었다더군요. 1학년 때도 그런 일이 있었다는 것을 2학년이 되어서야 알았다는 게 충격이었지만, 지금이라도 알 수 있게 된 것은 친구들과 함께 책을 읽으며 대화를 나눈 덕분이라고 생각했어요.

이후 담임 선생님께 연락해 상황을 잘 전달해 드렸고, 힘들었을 제 아이의 마음을 어루만지고 다독여 주었습니다. 엄마에겐 꺼내지 않던 이야기를 이렇게 친구들과 함께 있을 때는 들을 수 있다는 것에 감사할 따름이었습니다.

저는 아이들이 싫다고 하지만 않는다면, 아이들이 초등 고학년이 되고 중학생이 되어도 가정독서동아리를 이끌어 가고 싶습니다(물론 학업 부담이 커질 테니 모임의 횟수를 줄일 필요는 있겠지요). 아이들이 사춘기를 맞이해 사고의 폭이 비약적으로 확장되는 시기에도 책을 매개로 모일 수 있는 안정적인 집단을 만들어 주고 싶어서입니다. 엄마가 있는 자리이기에 제 아이가 속마음을 완전히 드러내지 않을 수도 있지만, 친구들과의 대화를 통해 슬썩슬썩 드러나는 속마음을 실마리 삼아 아이를 이해할 수 있으면 감사할 테고요. 이 모임의 가치가 빛을 발하는 순간은 바로 그때라고 생각합니다. 유년 시절부터 숨 쉬듯 자연스럽게 진행해 왔으니, 가끔 엄마와 갈등이 있더라도 관성에 따라 계속해 나갈 수 있으리라고 기대해 봅니다.

친구 관계는 숱하게 변하겠지만 주기적으로 만나서 이야기 나눌 수 있는 친구가 곁에 있다는 사실만으로도 아이에게 심리적 안정감을 줄 수 있습니다. 질풍노도 속에서 방황하다가도 일주일에 한 번 정도는 오랜 시간 자신들을 붙들어 준 울타리에서 머물다 갈 수 있으리라고 믿습니다.

서로의 다름을
'유별남' 대신
'다양함'으로 포용하다

아이들은 각각 독자적인 개인이기 때문에 모든 면에서 서로 다릅니다. 책에 대한 해석만 다양한 것이 아니라 성격, 말투, 습관 등이 모두 다르죠. 저는 유난히 개성이 강한 아이들이 모인 둘째와의 가정독서동아리에서 그 점을 확실히 느낍니다.

규범을 어기는 것을 견디지 못하는 아이가 있는가 하면, 호기심이 강해 규범에서 벗어나는 일을 자꾸 시도하는 아이도 있습니다. 다 같이 시작했는데도 작성이 늦는 아이가 있는가 하면, 과제를 빨리 해치우고 쉬거나 놀고 싶어 하는 아이도 있습니다. 수줍음이 많아 발표시키면 거부감을 보이는 아이가 있는가 하면, 자기가 아는 걸 드러내고 싶어서 첫 번째로 발표하게 해 주지 않으면 화를 내는 아이도 있습니다.

이런 차이는 아이들 사이에 갈등을 유발합니다. 갈등 때문에 모임을 운영하면서 당황스러운 순간들도 있었지만, 저는 이 점이 오히려 아이들의 성장에 도움이 된다고 봤습니다. 교실의 축소판이자 우리 사회의 축소판과 같은 가정독서동아리가 아이들에게 필요한 능력을 키워 줄 수 있을 것 같았거든요.

유년 시절 반드시 배워야 할 협동하는 능력

부모님들은 알 겁니다. 사회 구성원으로 살아가면서 성과를 내야 하는 대부분의 일은 '협력'을 요구한다는 것을요. 협력해야 하는 대상은 나와 사고방식이 다를 가능성이 큽니다. 나와 다른 점을 제대로 다뤄 내지 못하면 타인과 원만하게 일을 해 나갈 수 없죠. 그러나 살다 보면 나와 다른 이들과 크고 작은 일을 함께해 나가야 하는 순간이 옵니다.

이 과정이 원만하게 진행되려면 나와 다르다고 해서 나쁜 것이나 이상한 것이 아니라는 마음, 오히려 내가 생각하지 못한 다양한 생각까지 들여다볼 수 있다는 열린 마음이 필요합니다. 한마디로 다름에 개방성을 가질 수 있어야 하죠. 다름을 '유별남'으로 인식한 탓에 그 사람의 장점을 보지 못하는 일도 없어야 하고요.

성인들에겐 너무나 어려운 일이지만, 아직 고정관념의 지배를 받지 않는 아이들에게는 오히려 수월한 일입니다. 나와 다름을 자연스럽게 받아들일 기회를 충분히 제공한다면 포용력을 바탕으로 다양한 문제 해결 방법을 배워 나갈 수 있습니다.

실제로 개성 만점 아이들이 서로의 다름을 다양성으로 받아들이는 모습과, 그 다양성을 자신의 사고 체계 속에 자연스럽게 포함하는 과정을 지켜보는 경험은 저에게 감동을 안겨 줍니다. 물론 처음부터 순탄하게 진행된 것은 아니고, 아직도 갈등을 통해 열심히 성장 중이지만요.

활동 초기에는 너무 늦게 과제를 마무리하는 친구를 기다리면서 "너 때문에 우리 쉬는 시간이 줄어들잖아. 그냥 대충 해."라고 구박을 하고, 호기심을 견디지 못하고 엉뚱한 질문을 자꾸 하는 친구에게는 "너 때문에 흐름이 자꾸 끊어지잖아. 질문 좀 그만해."라고 면박을 주던 아이들이 3년째에 접어들면서 서서히 달라졌습니다.

과제를 항상 늦게 완료하는 아이는 가장 반듯한 글씨로 제가 제시하는 글쓰기 조건을 가장 잘 갖추어 글을 쓰는 아이였습니다. 다시 작성해 보자는 말을 듣지 않고 한 번에 통과하는 모습을 자주 보였지요. 빠르게 과제를 완료한 아이들은 조건을 놓치거나 글씨가 엉망인 경우가 종종 있습니다. 그러면 결국 다시 작성하느라 결과적으로 더 많은 시간이 소요됩니다.

이런 과정을 계속 거친 아이들은 언젠가부터 "○○이는 속도는 느리지만 글은 제일 완성도 높게 써."라고 이야기합니다. 그리고 친구가 조금 느려도 과제를 완료할 때까지 기다립니다. 조금 천천히 하더라도 과제를 제대로 완성하는 게 중요하다는 것을 자연스레 배우게 된 것이에요. 천천히 하는 아이도 친구들이 기다리는 것을 의식해서 조금 더 속도를 내려고 노력하게 됐습니다.

호기심 가득한 질문을 잔뜩 던지는 친구 때문에 활동의 흐름이 자꾸 끊긴다고 생각했던 아이들은 그 친구의 질문에 귀를 기울이지 않는 경우가 많았습니다. 그런데 쏟아지는 질문 속에는 책 내용의 핵심을 딱! 짚어 내는 보석 같은 이야기가 많았어요. 그 덕에 친구들은 자기가 생각하지 못했던 부분을 깨닫게 되고, 흥미로운 대화의 물꼬가 터지는 경험을 하게 됐죠. 그때부터 아이들은 그 친구가 질문을 할 때 일단은 경청하려는 모습을 보이더라고요. '엉뚱한 이야기도 많이 하지만, 매력적인 이야기도 할 줄 아는 아이'로 받아들이게 된 것입니다. 질문이 많던 그 아이도 친구들의 표정이 좋지 않으면 하고 싶은 말을 조금 참고 분위기에 따라 말을 서둘러 매듭짓기도 하고요.

제 잔소리를 통해서가 아니라 반복되는 활동 속에서 스스로 깨달았기 때문에 이 배움은 앞으로도 아이들에게 깊이 남아 있을 거예요. 국어 성적 100점보다 더 값진 수확인 것 같지 않나요? 아이들이 갖게 된 '다양성에 대한 포용력'은 궁극적으로 자신들이 살아갈 미래 사회에서 큰 자산이 될 것입니다. 다름을 제대로 포용하지 못해서 벌어지는 사회의 다양한 갈등을 우리 아이들은 조금 더 능숙하게 다루어 낼 수 있을 테니까요.

서로의 다름을 포용하는 건강한 신뢰 집단

2024년 1월 4일 자 〈연합뉴스〉에 따르면, 한국 사회 및 성격 심리학회가 '2024년 한국 사회가 주목해야 할 사회심리 현상'으로 확증 편향(confirmation bias)을 지적했습니다. 확증 편향이란 자신의 견해가 옳다는 것을 확인시켜 주는 증거는 적극적으로 찾으려 하지만, 자신의 견해를 반박하는 증거는 찾으려 하지 않거나 무시하는 경향을 말합니다. 오늘날은 정보를 통제하는 것이 불가능한 시대여서 개인이 노력만 한다면 다양한 분야의 전문 지식과 정보를 얼마든지 접할 수 있게 되었지만, 알고리즘을 기반으로 자신이 선호하는 정보들만 접하게 되면서 그게 옳고 가장 보편적이라고 인식하는 문제를 꼬집은 거죠.

보고 싶어 하는 것만 보면서 기존의 자기 생각에 문제가 있을 수 있다는 걸 인지하지 못하고, 나와 다른 생각을 수용하지 못하는 경향이 강해지는 것은 현대 사회의 심각한 문제입니다. 확증 편향이 심해지면 현명한 의사 결정이 힘들어지고 타인과의 갈등이 커질 수 있어요.

이런 갈등을 풀어 나가는 능력을 가정독서동아리를 통해 길러 줄 수 있습니다. 서로의 다름을 포용해 주는 건강한 신뢰 관계가 형성된 안전한 집단이기 때문입니다. 성격, 습관, 학습 방식, 생각하는 방식 등 모든 게 다르지만 각자의 장단점을 두루 포용할 수 있다면 책과 관련한 다양한 생각이 자유롭게 뛰어다닐 수 있습니다.

나와 다른 것이 나쁜 것이 아님을 잘 아는 아이들은 친구들과 다른 의견을 가졌더라도 거리낌 없이 제시하고 적극적으로 토론합니다. 내 의견을 일단 친구들이 들어준다는 믿음이 있고, 토론 과정에서 비판을 받더라도 그것이 자신에 대한 공격이 아님을 알기 때문입니다.

물론 의견 충돌이 발생하기도 하지만 유연하게 조정해 나가면서 서로의 다름을 자연스럽게 받아들입니다. 다르기에 벽을 쌓는 게 아니라 다르기에 배울 수 있음을 아는 겁니다. 제 아이가 이런 허용적 분위기 속에서 자기 생각을 마음껏 펼치고 있다는 것은 정말 감사한 일입니다.

궁극적으로 이 단계까지 나아갔을 때 아이들은 자신과 정치적 성향, 사회를 바라보는 시선이 다른 사람에게도 장점과 인정할 부분이 있음을 아는 포용적인 어른으로 성장하게 됩니다. 이런 자세로 타인을 대할 수 있어야 저마다의 장점을 살려 협력을 이끄는 사람이 될 수 있고, 그래야 사회가 갈등으로 치닫지 않을 것입니다. 이게 바로 제가 가정독서동아리를 운영하며 아이들에게 키워 주고 싶은 자질입니다.

친구가 경쟁의 대상이 아니라 성장의 촉진자가 돼요

학교에서 모둠 학습을 진행하면 여기저기에서 불만이 터져 나옵니다. 아무것도 하지 않는 친구의 무임승차가 싫다, 빠르게 해결할 수 있는 과제를 친구들과 조율하느라 늦어지는 게 싫다, 혼자 해결할 수 있는 것을 굳이 친구들과 함께해야 하는 번거로움이 싫다 등 이유도 다양합니다. 이런 불만의 공통점은 '친구들과 함께하는 데서 오는 손해를 감수하기 싫다'는 것입니다. 혼자 편하게 과제를 해결하고 자신의 개별적 능력치에 부합하는 보상을 받으면 되는데, 자기 점수를 친구에게 나눠 주는 것 같아 싫은 거죠.

여기에는 친구를 경쟁의 대상으로 보는 마음이 깔려 있습니다. 상대평가에 익숙해진 아이는 '내가 친구보다 잘해야 이기는 것인데 친구를 도와주다가 내가 밀려날 수 있다'고 생각합니다. 그렇지만 곁에 있는 친구를 경쟁의 대상으로만 생각하면 건강하게 발전하기 어렵습니다. 물론 모둠 활동으로 인한 불이익을 무조건 감수

해야 하는 것은 아닙니다. 다만, 이기는 데만 몰두하면 건강하게 발전하기 어려우며, 노력하는 과정에서 배울 수 있는 것들을 놓치기 쉽다는 말씀을 드리려는 것입니다.

저는 아이들이 다음과 같은 마음을 길렀을 때, 이 세상을 살아가는 데 진정한 경쟁력을 얻을 수 있다고 생각했습니다.

- 활동 과정에 적극적이지 않은 친구와도 활동을 함께하며 격려해 줄 수 있는 마음.
- 자신보다 뛰어난 친구를 질투하는 대신 그의 장점을 배우고자 하는 열린 마음.
- 친구들의 노력에 무임승차하는 것을 미안해하며 자신의 역할을 찾아 해내려는 마음.
- 성장한 친구의 노력을 알아주고 진심으로 축하하는 마음.

이런 마음은 성인이 되어서도 필요합니다. 이론적으로 안다고 해서 저절로 행동으로 나타나는 것은 아닙니다. 혼자가 아닌 '함께' 활동하는 경험을 통해서 익혀 나가야만 하죠.

가정독서동아리 아이들은 인생의 어느 시기보다 빠르게 성장하는 유년을 함께하고 있습니다. 자연스레 서로의 성장을 알아채며 칭찬해 주고 기뻐할 줄 압니다. 악필이던 친구의 글씨가 점차 반듯해질 때 아이들은 진심으로 놀라워하며 칭찬해 줍니다. 처음 발표할 때는 눈을 못 마주치고 잘 들리지도 않는 목소리로 말하던 친구가 이제 제법 또렷또렷하게 발표할 때는 함께 기뻐해 주고 신기해합니다. 독서 퀴즈 시간에는 엎치락뒤치락 경쟁하다가도 계속 답을 틀려 눈물을 글썽이는 친구를 보면 자기 점수를 줘도 되냐고 물어보기도 합니다. 친구를 경쟁자로만 여긴다면 절대 보일 수 없는 행동이죠.

이렇게 성숙한 수준의 정서적 공감을 할 수 있는 이유는 친구들과 함께하는 시간이 자신에게 손해가 아닌 성장을 만들어 준다는 긍정적인 경험이 쌓였기 때문일 거예요. 타인이 긍정적 평가를 받는다고 해서 내가 작아지는 게 아님을 알았을 때, 아이들은 서로를 진심으로 축하해 주고 걱정해 줄 수 있습니다. 함께 응모한 독후감 대회에서 한 친구만 상을 받은 적이 있습니다. 그때 아이들은 "축하해. 하지만 샘이 난다, 샘이 나!" 하고 자신의 마음을 솔직하게 이야기했습니다. 자기가 상을 받지 못한 것은 속상하지만, 그것과 별개로 좋은 결과를 얻은 친구를 축하해 주어야 한다는 것을 잘 알고 있는 듯했어요.

저는 이것이 성숙한 수준의 자기 존중이라고 생각합니다. 상대가 잘하거나 못하는 게 자신의 평가에 영향을 미치거나 자존감에 영향을 주지 않기에 할 수 있는 행동이니까요. 치열한 경생 속에서 자아 존중감은 위기를 겪을 때가 많을 것입니다. 그때마다 중심을 지킬 수 있는 단단한 뿌리를 지금부터 만들어 주고 싶습니다.

아이들에게 친구는 필연적으로 경쟁자일 수밖에 없습니다. 학교에서 같은 내용을 배우고, 같은 것을 평가받고, 그 결과에 따라 서열이 매겨지니까요. 하지만 경쟁자이기만 해서는 안 됩니다. 서로의 성장을 촉진하는 선의의 경쟁자여야 합니다. 경쟁에 익숙한 부모 세대에게 '선의의 경쟁'이라는 말은 아름답긴 하지만 도덕 교과서에나 존재하는 것처럼 느껴지겠지요. 물론 완벽한 선의의 경쟁은 우리 아이들에게도 쉬운 일이 아닐 겁니다. 하지만 친구의 성취가 나의 성취보다 더 좋을 때, 질투가 나는 마음을 인정하면서 열심히 노력했을 친구의 성공을 기뻐해 주고, 노력한 친구가 실패했을 땐 자신의 성공에만 젖어 있기보다 친구의 마음을 다독일 수 있어야 합니다. 그래야 사회가 건강하게 발전해 나갈 수 있습니다. 가정독서동아리를 통해 경쟁 관계지만 성장을 위해 서로 든든한 촉진자가 되어 줄 친구들이 제 아이와 함께하고 있음을 저는 매 순간 느낍니다.

2장

가정독서동아리, 이렇게 시작하면 됩니다

시작을
결심한 것만으로도
절반은 성공입니다

내 아이를 위해 가정독서동아리를 운영하겠다고 결심하셨나요? 그렇다면 이미 해낼 수 있는 엄마가 된 것입니다. 시작이 반이라고 했으니 이미 절반의 성공을 한 것이죠. 시작을 결심하기까지의 마음이 너무 가벼워도 안 되지만, 너무 비장해서는 시작 자체가 어려워요. 마음의 진입 장벽을 넘어선 것만으로도 대단한 일입니다.

가정독서동아리 운영을 망설이게 하는 요인은 크게 세 가지로 볼 수 있습니다.

- 평범한 엄마인 내가 해도 되는 걸까?
- 어떤 책을 골라서 활동해야 할까?

• 활동지는 어떻게 만들어야 할까?

이런 고민은 내려놓으세요. 너무 완벽하게 운영하려고 하면 작은 시행착오에도 휘청이고 맙니다. 가정독서동아리를 이끌어 가는 데 필요한 사람은 독서 지도를 완벽하게 할 수 있는 '선생님'이 아니라, 아이가 책 읽는 사람으로 성장하길 바라는 '엄마'입니다. 편의상 '엄마'라고 했지만, 이 자리엔 아빠, 할머니, 할아버지, 이모, 삼촌, 언니, 오빠 등 아이의 독서 교육을 직접 시작하기로 결심한 주체라면 누구든 들어갈 수 있습니다.

그럼 지금부터 누구든지 가정독서동아리를 운영할 수 있는 이유, 지금 당장 시작해도 괜찮은 이유를 설명드리겠습니다.

국어 교사가 아니어도, 자격증이 없어도 괜찮아요

아이들에게 책을 읽어 줄 수 있는 엄마라면 누구나 가정독서동아리를 시작할 수 있습니다. 물론 아이의 인지적 발달 단계를 고려해서 독서 활동을 설계하고 독서 프로그램을 구상할 수 있다면 당연히 좋겠지만, 이렇게까지 하지 않아도 아이들이 책을 매개로 즐겁게 소통하며 생각하는 힘을 키우게 하는 것은 마음만 먹으면 누구나 할 수 있습니다.

그 가능성을 이미 많은 엄마들이 경험했을 것으로 봅니다. 책을 읽어 주다 보면 아이들은 내용을 궁금해하며 끊임없이 질문하곤 합니다. 엄마는 직접 답을 들려주거나 아이 스스로 찾도록 유도하고, 답을 잘 모를 때는 아이와 함께 고민하며 찾아갈 때도 있죠. 그러다 보면 어느새 아이뿐 아니라 엄마도 이전보다 책을 더 깊이 이해하게 되고, 책에서 직접 다루지 않은 이야기까지 대화의 범위를 넓혀 가는 경험을 하게 됩니다. 엄마가 대단한 지식을 가지고 있지 않아도, 교육적으로 그럴싸한 활동을 설계하지 않아도 되는 이유가 여기 있습니다. 엄마는 그저 같이 즐겁게 책을 읽으면서 아이들이 책을 매개로 대화의 장을 열어 가고 생각을 확장해 나갈 수 있도록 도와주는 역할만 해도 충분한 거죠.

여기에, 아이들이 책 내용을 잘 이해했는지 파악하기 위한 질문을 던지고 아이들끼리 생각을 충분히 나눌 수 있도록 격려하는 일만 추가해 주면 됩니다. 거창한 질문이나 심오한 질문이 아니어도 괜찮아요. 엄마가 책 내용을 완벽하게 이해하지 못했다면, 그 부분에 대해 질문을 던져도 괜찮습니다. 아이들에게 이야기의 장을 만들어 줄 수만 있다면 누구든 할 수 있는 거예요.

- 작가는 왜 이 제목을 붙였을까?
- 이 책에서 가장 중요한 사건이 무엇인 것 같아?

- 이 사건에서 주인공은 무엇을 느꼈을까?
- 여기서 주인공은 왜 이런 행동을 했을까?

이렇게 기본적인 질문 몇 개만 던져 주면 질문이 꼬리에 꼬리를 물며 자연스럽게 이어지고, 아이들은 책에 대해 더 깊이 생각해 나갑니다. 오히려 엄마가 이미 너무 많이 알아서 너무 많은 지식을 전달하려고 하면, 가정독서동아리 시간이 또 하나의 학교 수업처럼 되어 버리고 맙니다. 그러다 보면 함께 모여 책을 읽고 이야기하는 시간이 즐겁지 않을 수 있어요. 아이들이 책을 매개로 소통하고 삶의 문제를 해결해 나갈 줄 아는 성인으로 성장하게 하려면, 책을 읽고 활동하는 순간이 즐거워야 합니다.

수업 개념으로 접근하는 '선생님'보다는 아이보다 한두 걸음 정도만 앞서가며 독서를 즐겁게 이끌어 줄 수 있는 '엄마'가 더 필요한 이유가 이겁니다. 가끔은 뒤에 머물러 대화를 이끌어 가는 아이들을 지켜보고 격려하는 것으로도 충분합니다. 아이들의 생각을 듣고 고개를 끄덕여 주고, 의견 차이로 갈등이 생겼을 때 그 갈등이 너무 심해지지 않도록 최소한의 개입만 해 줘도 아이들에게 큰 도움이 되죠. 그러니 국어 교사가 아니어도, 관련 자격증이 없어도 독서 교육을 진행할 수 있답니다.

누군가가 만들어 둔 자료를
사용해도 좋아요

가정독서동아리 활동을 꾸려 갈 때 직접 하는 것이 부담스럽고 막막한가요? 혼자 다 하려고 애쓰지 말고, 누군가가 이미 잘 만들어 놓은 것들을 이용해 보세요. 책을 고를 때나 독서 활동지가 필요할 때도 마찬가지예요. 가정독서동아리를 준비하는 엄마에겐 매번 어떤 책을 선정해야 할지, 어떤 독서 활동을 구성해야 할지가 가장 큰 부담입니다. 엄마가 모든 걸 혼자서 하지 않아도 괜찮습니다. 지금부터는 엄마가 이용할 만한 '누군가가 잘 만들어 둔 것'을 소개하겠습니다.

독서 활동지를 참고할 만한 도서

가정에서 아이들과 함께 읽고 활동하면 좋을 만한 책들을 소개한 책이 시중에 많이 나와 있습니다. 다음의 예가 가정독서동아리 도서를 선정할 때 참고할 만한 책들이에요. 아이들이 읽을 만한 책의 목록뿐만 아니라 각 책으로 어떤 활동을 하면 좋을지도 소개돼 있어요.

여기 해당하는 도서는 크게 세 종류로 나눠 볼 수 있습니다. 초등 교과서 수록 도서나 연계 도서를 다룬 것, 독서 토론 활동을 할 수 있는 도서를 다룬 것, 특정 주제에 따라 읽을 수 있는 도서를 다룬 것. 이런 부류의 책들을 종류별로 하나씩만 예로 들어 볼게요. 서점이나 도서관에 직접 가서 책들을 살펴보고, 아이들과 활동하기에 적절한 구성으로 이루어진 책을 고르면 됩니다.

책	특징
	《잘 익은 교과서 그림책》(강수진·최고봉·채봉윤 지음, 봄개울) • 학년별 교과서 수록 도서가 자세히 설명되어 있음. • 독서 활동지는 없으나 도서별로 어떤 내용을 담고 있는지 설명되어 있으며, 아이들과 어떤 활동을 진행하면 좋을지를 교사 관점에서 안내하므로 활동지를 구상할 때 참고할 만함. • 함께 읽으면 좋은 그림책도 소개해 주기에 연계 독서를 할 수 있음.
	《말랑말랑 그림책 독서 토론》(강원토론교육회 지음, 단비) • 그림책을 통해 정의, 인권, 다문화, 기후변화 등 다양한 주제로 토론할 수 있도록 구체적인 토론 과정을 설명함. • 책을 깊이 있게 읽고 나서 토론까지 진행하는 것이므로 한 권의 책을 여러 차시에 걸쳐 활동할 수 있도록 안내함. • 독서 활동지는 없으나 해당 책으로 어떤 활동들을 진행했는지 사례 중심으로 자세히 설명함.
	초등 시크릿 독서 교육 시리즈(더디퍼런스) • 주제별 독서 활동 참고 도서임. • 《인문 교양서 50》(윤지선 지음), 《진로 도서 50》(배혜림 지음), 《문해력 플러스 50》(배혜림 지음), 《심리 도서 50》(김선 지음), 《자기계발 50》(정예슬 지음), 《논술 고전 50》(윤지선 지음) 등이 있으며, 각 주제에 따라 연계해서 읽을 수 있는 도서의 내용 및 독서 활동을 예시함. • 수록된 책의 성격에 따라 배경지식, 관련 체험학습 장소, 책과 관련한 질문 등을 정리해 두었고, 독서 활동지도 일부 제공함.

독서 활동지를 제공하는 도서

만약 앞 단계의 책들보다 더 친절한 버전을 원한다면 다음의 책들을 참고하면 됩니다. 독서 활동지의 내용 구성을 고민할 필요 없이 책에 정리된 내용을 따라 만들어도 되고, 제공된 활동지 양식을 그대로 사용해도 됩니다. 이 역시 몇 권만 예를 든 것이니 서점이나 도서관에 가서 더 다양한 책을 살펴보길 권합니다.

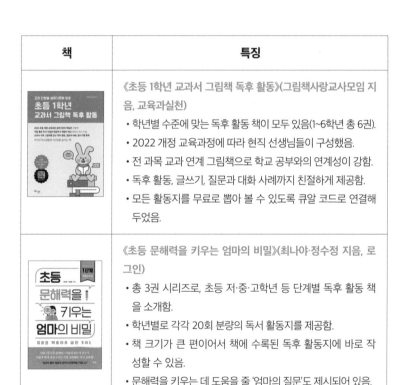

책	특징
	《초등 1학년 교과서 그림책 독후 활동》(그림책사랑교사모임 지음, 교육과실천) • 학년별 수준에 맞는 독후 활동 책이 모두 있음(1~6학년 총 6권). • 2022 개정 교육과정에 따라 현직 선생님들이 구성했음. • 전 과목 교과 연계 그림책으로 학교 공부와의 연계성이 강함. • 독후 활동, 글쓰기, 질문과 대화 사례까지 친절하게 제공함. • 모든 활동지를 무료로 뽑아 볼 수 있도록 큐알 코드로 연결해 두었음.
	《초등 문해력을 키우는 엄마의 비밀》(최나야·정수정 지음, 로그인) • 총 3권 시리즈로, 초등 저·중·고학년 등 단계별 독후 활동 책을 소개함. • 학년별로 각각 20회 분량의 독서 활동지를 제공함. • 책 크기가 큰 편이어서 책에 수록된 독후 활동지에 바로 작성할 수 있음. • 문해력을 키우는 데 도움을 줄 '엄마의 질문'도 제시되어 있음.

독서 활동지를 내려받을 수 있는 사이트

만약 책에서 원하는 독서 활동지를 찾지 못했다면 예스24, 알라딘, 교보문고 등 온라인 서점에서 제공하는 독서 활동지를 내려받을 수 있습니다. 모든 책의 독서 활동지가 있는 것은 아니지만 유치원 단계부터 초등, 청소년 도서에 이르기까지 다양한 도서의 독서 활동지가 제공되며, 책을 사지 않더라도 무료로 내려받을 수 있어 유용합니다.

먼저 원하는 책을 검색하고 클릭합니다. 독서 활동지(독서지도안)가 있는 경우엔 활동지를 내려받을 수 있는 버튼이 나오는데, 이 버튼을 클릭하면 됩니다. 아예 독서 활동지만 모아 놓은 코너도 있으니 이곳에서 학년별 탭을 선택한 뒤 원하는 책의 독서 활동지를 골라 내려받을 수도 있습니다.

이 외에도 아이들에게 읽히고 싶은 책의 출판사 블로그나 홈페이지에 가면 독서 활동지를 공유해 놓은 걸 종종 볼 수 있어요. 관심 있는 출판사의 사이트를 즐겨찾기에 저장해 두면 독서 활동지를 찾을 때 편하답니다.

요즘에는 가정에서 엄마표 독서를 진행하는 분들이 직접 만들어 올려 둔 활동지도 많습니다. 상업적으로 이용하지 않고 가정에서만 이용하는 경우엔 대부분 무료로 내려받을 수 있습니다. 저 또한 가정독서동아리를 운영하면서 아이들과의 활동 내용과 독서 활동지를 제 블로그에 공유하고 있으니 언제든 내려받아 사용해

알라딘 독서지도안	예스24 독서지도안	윤정쌤의 국어가 좋아요 블로그

독서지도안 제공 사이트 큐알 코드

도 됩니다. 제 블로그엔 이 책에서 공유하는 모든 양식을 올려 두었습니다.

이렇게 독서 활동지를 소개하는 다양한 도서나 사이트를 참고하면 독서 교육에 요령이 생길 거예요. 원하는 책의 독서 활동지가 없거나 기존 독서 활동지의 내용이 마음에 안 들 때 스스로 독서 활동을 구성하는 안목도 생길 거고요.

독서 활동지 구성 방법은 2부에서 자세히 소개할 예정입니다. 하지만 직접 만들 시간이 나지 않는다면 그냥 기존에 만들어진 자료들만 쓰면서 활동하겠다는 생각으로 진행해도 괜찮습니다. 수준 높은 활동지를 직접 만들어야 한다는 부담감 때문에 가정독서동아리를 시작하길 망설일 필요도 없고요. 가정독서동아리에서 엄마에게 요구되는 최우선의 덕목은 독서 활동지를 만드는 것이 아니라, 아이들에게 책을 통해 대화할 수 있는 상을 열어 주는 것이기 때문입니다.

제가 잘 지도하고
있는 건지 모르겠어요 ———

독서와 글쓰기는 단기간에 실력이 향상되는 영역이 아닙니다. 진득하게 쌓아 가야 하는 영역이죠. 그러다 보니 저 또한 불쑥불쑥 이런 의심이 듭니다. '내 나름대로 열심히 하고 있지만, 아이들의 읽기나 글쓰기 능력을 키우는 데 도움이 되는 걸까?', '그냥 학원에 보내는 것이 더 나았을까?', '아이들의 귀중한 시간만 빼앗고 있는 것은 아닐까?' 하는 생각 말이죠. 눈에 보이지 않기 때문에 자꾸 첫 마음, 첫 각오를 잊곤 합니다.

그럴 때면 아이들이 활동해 온 과정, 성장해 온 과정을 한번 주욱 훑어보며 마음을 다잡는 시간이 필요합니다. 성장은 눈에 쉽게 보이지 않습니다. 하지만 분명한 것은 매 순간 활동을 하면서 아이들만의 결과물이 나오고 있다는 점입니다. 책을 매개로 가까운 친구들과 대화를 나누고 생각을 나누는데 성장이 없을 리 없습니다. 다만 보이지 않을 뿐이고 측정되지 않을 뿐입니다. 이런 부분에 대해 스스로 자꾸 확언을 해 주는 과정이 필요합니다.

'아이들이 이 책에 대해서 이만큼이나 생각해 내고 함께 이야기를 나누었어. 이런 소통의 장을 내가 만들어 주었고, 그 생각을 정리할 기회를 주었어. 아이들에게 도움을 준 거야.'라고 말이죠.

흔들림 없는 항해를 위해
명확한 목표
설정하기

　자녀의 독서 교육과 관련한 수많은 책 중 이 책을 선택한 부모님이라면 외주를 맡기지 않고 자신이 직접 독서 교육을 하는 게 더 효과적이라는 생각을 한 번쯤은 해 봤을 겁니다. 그만큼 자녀의 독서 교육에 열의를 가진 분이겠죠. 다만 무엇부터 시작해야 할지, 어떻게 계획을 세우면 좋을지를 몰라 막막함에 시작을 망설이고 계실 거예요.

　가장 먼저 생각해야 하는 건 '명확한 목표'입니다. 우선은 가정독서동아리 활동을 통해 무엇을 얻고 싶은지, 궁극적인 목표가 무엇인지 명확하게 설정할 필요가 있습니다.

아이들의 부모도
가정독서동아리의 일원이에요

가정독서동아리는 아이와 부모가 1:1로 활동하는 게 아니라 자녀의 친구들을 모아서 활동하는 것입니다. 그렇기에 직접 활동에 참여하는 아이들뿐 아니라 아이들의 부모님들 역시 가정독서동아리의 일원이라고 생각해야 합니다.

저는 제가 진행하는 가정독서동아리의 운영 목표와 부모님들이 생각하는 독서 교육의 목표가 같지 않으면 지속성을 가지고 활동하기 어렵다고 생각했어요. 학년이 올라갈수록 아이들이 소화해야 하는 일정들이 점점 많아지고 시간이 부족해질 때, 1순위로 중단하게 되는 활동이 되어 버릴 수 있거든요. 중도 이탈자가 생기면 가정독서동아리의 지속성이 약해집니다.

저는 이 모임을 장기적으로 이끌어 가고 싶었습니다. 그래서 무턱대고 저와 친한 엄마들의 자녀 또는 지금 제 아이와 친한 아이들 위주로 동아리를 조직하면 안 된다고 생각했습니다. 동아리를 이미 조직했는데 활동을 통해 얻고자 하는 것이나 지향점이 제각각이라면 난감해질 테니까요. 그러면 제가 독서학원에 보내는 대신 가정독서동아리를 시작하겠다고 결심한 모든 이유가 무색해질 것 같았습니다.

자연스럽게 형성된 모임의 엄마들 모두가 가치관이 비슷해서 독서 교육에 대한 이야기를 밀도 있게 나눌 수 있고, 가정독서동아리가 추구하는 방향에 동의한다면 그보다 완벽할 수는 없을 거예요. 하지만 그럴 가능성은 작습니다. 일반적인 모임에서 가정독서동아리를 하겠다고 말하면, 다들 함께하자고 할 겁니다. 아이들에게 독서 교육을 한다는데 환영하지 않을 엄마는 없으니까요. 그러나 서로 다른 생각 때문에 조금씩 균열이 생기면 모임을 순탄하게 운영하기 어려워질 겁니다. 원하는 책, 활동의 방향성이 다를 수 있기 때문이에요.

이런 이유로 저는 제가 먼저 가정독서동아리의 목표를 명확하게 정리한 뒤, 그 방향성에 동의하는 구성원을 찾아야겠다고 생각했습니다. 목적지도 없이 보물을 찾겠다는 희망에만 가득 차 무작정 배에 올라탄 선원이 되고 싶지는 않았습니다. 목적지를 명확하게 지도에 찍고 나아가야 배가 순탄하게 항해할 수 있을 테니까요.

독서 교육의 우선순위를 먼저 생각해 봐야 합니다

스스로 '나는 왜 가정독서동아리까지 만들면서 아이들에게 독서 교육을 하려는 거지?'라는 질문을 던져 보았어요. 그리고 다음의 세 가지 중 저는 무엇에 해당하는지를 고민했습니다.

1. 다들 하는 독서 교육을 하지 않으면 내 아이가 뒤처질 것 같아서.
2. 성적 향상에 도움을 주고, 결국 성공적인 대입에 도움이 될 것 같아서.
3. 책과 소통하고 즐길 줄 아는 평생 독자로 만들어 주고 싶어서.

제 마음속에는 이 세 가지가 모두 있습니다. 1번과 같이 다들 시키는 독서 교육을 하지 않으면 내 아이가 뒤처질 것 같다는 불안감은 물론이고, 책을 통해 지식을 습득하고 글을 이해하는 능력을 키움으로써 아이가 궁극적으로는 입시에 성공하길 바라는 2번의 마음도 있습니다.

하지만 이 두 가지 마음만 가지고 독서 교육을 시작한다면 주변 사람들의 말에 쉽게 휩쓸릴 것입니다. 내 아이가 뒤처질 것 같다는 불안감이나 다른 아이들보다 높은 성과를 얻어서 입시에 성공했으면 좋겠다는 바람은 모두 타인과의 비교를 기본적으로 깔고 있기 때문이죠. 엄마가 흔들리지 않으려면 중심을 잡아 줄 수 있는 목표가 필요한데, 3번이 바로 그 역할을 해 줄 수 있었습니다.

아이의 삶은 대입으로 끝나지 않습니다. 더 넓은 세상으로 나아가 다양한 경험을 하고 끝없이 배워 나가야 합니다. 그 속에서 계속 성장해 나가야 합니다. 지식과 정보가 넘쳐나는 세상에서 도태되지 않고 기꺼이 배움의 주체가 되어 자신의 삶을 능동적으로 이끌어 가는 사람으로 살아야 합니다. 책을 즐기고 책으로 소통할 수 있는 아이, 삶의 지혜와 지식을 모두 담은 책에서 자신만의 답을 찾아가는 아이. 제가 바라는 제 아이의 모습입니다.

이는 1, 2번만을 목표로 삼았을 때는 도달하기 어렵다고 생각했습니다. 눈앞의 시험 성적이나 10년 이내에 치르게 될 수능만 바라본다면 마음이 조급해질 수밖에 없습니다. 대입 이후의 더 많은 시간을 내 아이가 어떻게 살아가게 될지에 대한 고민을 할 여유가 없습니다.

3번을 독서 교육의 목표로 명확히 설정하고 나니 앞으로 가정독서동아리를 어떻게 운영해야 할지가 머릿속에 그려졌습니다. '책과 소통하고 즐길 줄 아는 평생 독자'는 책을 제대로 읽어 낼 줄 아는 독자일 겁니다. 소통의 기본은 그 대상에 대한 '깊이 있는 이해'니까요. 아이들이 책을 읽는 과정에서 책을 깊이 있게 이해하도록 도와야겠다고 생각했습니다.

대상을 깊이 있게 이해하고 싶어지려면 대상에 대한 흥미가 우선되어야 하니 흥미로운 책과 활동을 제공해 주어야겠다는 생각도 하게 되었습니다. 그러면 아이가 책 자체에 흥미를 느끼고, 책과의 소통을 통해 책을 깊이 있게 이해하게 되는 과정이 자연스럽게 이어질 것입니다. 결국 글을 읽고 이해하는 능력이 요구되는 대부분의 학습 상황에서 높은 성취를 보이는 것 또한 자연스러운 흐름이 되겠죠.

결국 3번을 우선순위로 두지만 2번도 욕심내어 보는 전략입니다. 하지만 이것은 2번을 우선순위로 두고 3번도 욕심내어 보는 것과는 질적으로 다릅니다. 바로 다음과 같은 차이가 있죠.

- **3번을 우선순위로 두면서 2번도 욕심내어 보는 전략: 아이가 책을 즐기며 소통할 수 있도록 돕는 것에 초점을 맞추면서 이왕이면 공부에도 도움이 될 방법이 있는지를 고민한다.**

- 예: 책을 선정할 때 아이의 흥미에 초점을 맞추되, 교과서 내용과 연계할 수 있는 부분을 고민하기.
- 결과: 아이가 책을 흥미롭게 읽으면서 충분히 생각하고, 이해를 잘 해내는 모습을 보여 주었으므로 성적 향상으로 바로 연결되지 않아도 조급해하지 않는다.

- **2번을 우선순위로 두면서 3번도 욕심내어 보는 전략: 성공적인 입시를 위한 점진적 성적 향상에 초점을 맞추어 독서 교육을 진행하면서 입시 후에도 아이가 책과 소통하며 살기를 기대한다.**

- 예: 교과서 수록 도서를 읽히고 교과 시험에 도움이 되길 바라면서 활동을 구성하기.

- 결과: 성적 향상에 초점을 맞추고 시작했기에 성적 향상에 도움이 안 된다고 생각하면 독서 교육의 효과를 의심하거나 마음이 조급해져 다른 효과적인 방법은 없는지 찾기 시작한다.

독서 교육의 초점을 아이의 성적 향상에 맞추면 아이가 초·중·고 12년 동안 치르게 될 수많은 평가가 모두 자녀의 독서 교육을 흔드는 바람이 될 수 있습니다. 평생 독자로서 살아갈 아이의 삶에 초점을 맞추어 독서 교육을 진행해야 일관된 방향을 가지고 나아가며 흔들리지 않을 수 있습니다. 성적 향상이 배를 밀어 주어 더 속도를 낼 수 있게 도와주는 순풍의 역할을 해 줄 수 있겠지만, 더 중요한 것은 바람에 기대지 않고도 배가 나아갈 수 있도록 열심히 노를 젓는 일입니다. 바람에만 의존한다면 역풍이 불 때 대처하는 법을 배울 수 없으니까요. 바람에 휘청거리지 않고 열심히 노를 젓는 배만이 자신이 목적한 곳에 도착하게 됩니다. 목적지가 분명한 배는 언젠가 반드시 그곳에 도착할 것입니다.

먼 길을 함께 갈
든든한 선원들
물색하기

    가정독서동아리의 목표를 분명히 하고 나니 어떤 특성을 가진 구성원과 시작할지를 결정하는 것은 어렵지 않았습니다. 저와 같은 생각으로 아이의 독서 교육에 접근하는 엄마들을 찾으면 되니까요.

    가정독서동아리의 구성원을 찾을 때 아이가 아닌 엄마를 먼저 생각한 것은, 앞서 언급했듯이 엄마의 가치관에 따라 아이의 교육 방향이 결정되기 때문입니다. 자녀 교육관과 독서 교육관이 서로 비슷한 사람끼리 모여야 모임을 오래도록 지속할 수 있습니다. 그렇기에 기존의 친교 집단을 가정독서동아리로 이어 가는 것을 경계해야 합니다.

교육관이 나와 닮은
엄마를 찾아요

평소 자녀 교육에 대한 공감대를 충분히 형성했고 독서 교육에 대한 관점이 비슷함을 확인했다면 상관없지만, 보통은 서로의 친분과는 별개로 각자의 교육관에 따라 자녀를 기릅니다.

저는 아이들과 놀이터에 갔을 때 엄마들과 대화를 나누면서 드러나는 교육관에 집중했습니다. 아이들이 놀다가 갈등을 빚을 때 엄마들이 보여 주는 문제 해결 방식도 교육관의 일부입니다. 이는 추후 독서동아리 활동에서 빚어질 갈등에 어떻게 대처할지를 보여 줍니다. 일테면 언성부터 높이는 엄마도 있고, 아이들이 성장하는 과정에서 자연스레 겪는 일로 여겨 문제 삼지 않는 엄마도 있죠. 아이들이 보여 주는 문제 상황에 대한 대처 방식이나 말하는 방식 등에서 엄마들의 교육관이 드러나는데, 그런 부분이 저의 가치관과 비슷한지도 생각했습니다. 함께 나누는 대화 속에서 드러나는 자녀 교육에 대한 관점, 독서 교육을 대하는 태도 등을 유심히 살폈습니다.

교육관에 점수를 매기고 평가하려는 것이 아닙니다. 자녀를 키우는 방식에 정답은 없기에, 무엇이 옳은지 그른지도 함부로 판단할 수 없습니다. 아이든 엄마든 저마다 개성이 있기에 하나의 교육 방식이 어떤 아이에겐 효과가 있지만, 다른 아이에겐 그렇지 않을 수도 있습니다. 제가 지향하는 가치관이 옳고, 다른 엄마들의 교육관은 잘못됐다고 생각하지 않습니다. 부모들은 각자의 상황에서 최선을 다해 자녀를 키우니까요. 다만 운영자와 교육적 가치관, 독서 교육을 대하는 자세가 최대한 유사해야 그 가정독서동아리가 순탄하게 운영될 수 있습니다. 누구와 함께 갈 것인가 하는 문제는 무척 중요합니다.

아이와 오래도록 함께할 친구를 찾아요

함께할 구성원을 찾을 때 중요하게 생각하는 1순위가 엄마였다면, 2순위는 아이와 함께할 친구들이었습니다. 아이가 어릴수록 아이보다는 엄마 주도로 모임이 구성되는 경우가 많아요. 학년이 올라가면 아이들의 성격이나 성향에 따라 함께할 친구들을 구성하기 때문에 엄마가 개입할 여지가 줄어들죠. 저는 아이들이 저학년일 때 가정독서동아리를 조직했기 때문에 엄마 주도로 모임을 구성하게 됐지만, 그럼에도 함께 활동하게 될 아이들끼리 잘 지낼 수 있을지를 고려했습니다.

아이들의 관계는 성장 과정에서 숱하게 변하기 때문에 '오래도록 함께할 친구'를 엄마가 결정한다는 것은 사실상 불가능합니다.

친하지 않았던 친구랑 갑자기 친해지기도 하고, 친했던 친구와 데면데면해지기도 하는 변화가 매년 일어나니까요. 하지만 놀이터에서 서로 만나기만 하면 싸우는 친구, 성향이 너무 안 맞아 대화도 하고 싶지 않은 친구와 같이 활동을 시작할 수는 없습니다. 아무리 엄마끼리 사이가 돈독하더라도 아이들끼리 맞지 않는다면 책을 매개로 소통하는 일이 원활하게 진행되기 어렵습니다. 이런 경우는 그 아이의 엄마와 교육관이 잘 맞더라도 같이 활동할 수 없다고 생각했습니다.

아이들의 성향이 같을 필요는 없습니다. 서로 갈등을 빚지 않고 이해할 수 있는 범주 내에 있다면, 다양한 성향의 아이들과 함께하는 게 더 좋습니다. 같은 책을 읽고도 다양한 감상이나 생각을 교환해 나갈 수 있거든요.

1순위와 2순위의 기준에 따라 후보로 올라온 친구가 여럿이라면 성별이 고르게 섞이도록 구성하는 것이 좋습니다. 제가 시작한 가정독서동아리에는 성별이 고르게 섞이지 않아서 첫째 아이의 모임은 남자아이 세 명과 여자아이 한 명, 둘째 아이의 모임은 남자아이 다섯 명으로 구성되어 있습니다. 물론 성비가 치우쳐 있어도 활동이 대체로 잘 진행되지만 한편으로는 아쉬울 때도 있습니다. 같은 책을 읽더라도 남자아이가 생각하는 것과 여자아이가 생각하는 것이 상당히 다르더라고요. 고학년으로 갈수록 생각을 나누고 토론하는 시간을 많이 갖게 되는데, 성비가 고를 때 더 다양한 생각을 균형 있게 나눌 수 있으리라는 생각이 듭니다. 하지만 성비를 맞추겠다고 모임의 기준과 맞지 않는 운영을 할 필요는 없습니다.

마음속으로 정한 아이의 엄마에게 연락해요

저는 엄마들과 자녀의 독서 교육에 대한 이야기를 나누며 교육관이 같다는 것을 파악하고, 어느 정도 가까운 사이가 되었을 때 연락을 돌렸습니다. 메시지를 보내기 전에 저와 아이의 일정을 살펴보고, 가정독서동아리를 할 수 있는 요일을 먼저 정했어요. 제가 진행하는 것이기 때문에 제 아이와 저의 일정이 우선 보장되어야 안정적으로 활동을 해 나갈 수 있으니까요. 얼굴을 보고 이야기하거나 갑작스레 전화를 하기보다는 충분히 생각하고 답을 할 수 있도록 메시지를 보내기로 했습니다. 거절하기도 상대적으로 쉬울 테고요.

다음은 열심히 쓰고 지우며 완성하고는 '보내기' 버튼을 누르지 못하고 망설이다가 '에라, 모르겠다'의 정신을 발휘하여 전송한 메시지의 내용입니다.

안녕하세요, ○○ 어머니.

저 윤효 엄마예요.

윤효의 친구들과 함께 가정독서동아리를 시작하려고 하는데, ○○이도 함께할 생각이 있는지 여쭤 보려고 연락드립니다.

일주일에 한 번(월요일이나 수요일 방과 후) 모여서 함께 그림책을 읽고, 책과 관련한 이야기를 나누며 독서 활동을 진행할 예정입니다.

책을 좋아하는 아이, 책을 통해 즐겁게 이야기를 나눌 수 있는 아이로 키우고 싶은 마음으로 시작한 일이라 보통의 독서토론논술학원과는 많은 차이가 있을 거예요.

글밥이 많은 책이나 필독서 위주로 진행하지 않고, 그림책 위주로 활동할 예정이에요. 궁극적으로는 책 읽기를 통해 아이의 생각하는 힘과 글 읽는 힘을 기르고 글쓰기나 토론으로 확장되기를 바라지만, 욕심내지 않고 긴 호흡으로 시작하려 합니다. 빠른 성취가 보이지 않더라도 일주일에 한 번 책으로 즐겁게 소통하는 것만으로도 충분히 가치 있다고 생각해요.

혹시 저와 생각이 같다면, ○○이도 함께하면 좋을 것 같아요. 만약 다른 계획이 있으시다면 부담 없이 말씀해 주셔도 된답니다.

윤효 엄마 드림

한 분씩 따로 메시지를 드렸어요.

앞으로 언제, 어떤 활동을 할 것인지 간략히 말씀드렸어요.

일반적인 학원과는 다를 것이라는 점과, 제가 추구하는 가정독서동아리 활동의 방향을 설명했어요.

함께할 의사가 있는지 물었어요.

다행스럽게도 메시지를 받은 분들 모두가 함께해 주신 덕분에 가정독서동아리를 시작하게 되었고, 처음 구성원 그대로 지금까지 진행하고 있습니다. 첫째와 둘째의 가정독서동아리 둘 다 햇수로 3년째 안정적으로 진행되고 있어요.

저의 경우는 운이 좋게도 잘 유지되고 있지만, 길게 유지하는 게 쉽지 않을 수도 있어요. 의욕적으로 시작했지만 활동을 지속하기가 너무 힘들 수도 있고, 사람과 사람의 만남인 만큼 의외로 마음이 잘 안 맞고 미묘한 갈등이 생길 수도 있으니까요.

그래서 처음에 기한을 두고 시작했습니다. 딱 1년 동안 같이해 보자고요. 만약 1년 후에도 계속 진행할 수 있는 상황이라면 이어서 하고, 그렇지 않으면 깔끔하게 종료한다고 말씀드렸어요. 이렇게 해야 혹시라도 중간에 힘들어지거나 서로 불편한 일이 생겼을 때 정해진 기한이 되면 깔끔하게 활동을 종료할 수 있으니까요. 또, 서로 불편한 부분이 있어도 정해진 기한까지 함께하기로 약속해야 큰 문제 없이 모임을 지속할 수 있고, 모임이 종료되어도 이전의 관계로 다시 돌아가기 쉬울 거라 판단했어요. 그러니 처음에는 기한을 꼭 정해 두고 활동을 시작하기 바랍니다. 저도 만약 엄마들과 가치관이 잘 안 맞고 제 수업 방식과 엄마들의 교육관이 달랐다면, 1년을 기점으로 깔끔하게 종료했을 거예요.

1년이라는 시간은 다소 긴 편이니, 엄마들이 보통 학기 단위나 방학 단위로 공부 계획을 세우는 것을 고려해서 '한 학기 동안' 또는

'방학 동안'으로 기간을 정해 두어도 좋아요. 그 기간만큼 진행해 본 뒤 모임을 계속 유지할지 종료할지를 결정하면 되니까요. 다만, 기한을 염두에 두었다고 해서 하다가 힘들면 그만두어야겠다는 마음가짐으로 시작해서는 안 되겠지요. 같은 곳을 바라보는 구성원들과 긴 호흡으로 나아가는 것이 궁극적 목표이기에 모임을 안정적으로 유지하려는 마음가짐이 필요합니다. 그러므로 애초에 구성원을 조직할 때 신중하게 고민하는 것이 가장 중요합니다.

엄마들을 숨은 조력자로, 아이들을 주인공으로 만들기

가정독서동아리를 운영하게 하는 힘은 엄마들의 지지입니다. 엄마들이 진심으로 지지해 주고 기꺼운 마음으로 아이들을 보내 주어야 활동이 꾸준히 지속될 수 있어요. 그래서 가정독서동아리 활동을 본격적으로 시작하기에 앞서 엄마들께 시간을 내 주시길 부탁드려 만남의 시간을 가졌습니다.

직접 만나 제가 어떤 방식으로 모임을 이끌어 가고 운영할 것인지 미리 말씀드려야 안심하고 아이를 보내 주실 테고, 이후에 괜한 오해나 불편함이 없이 활동을 진행할 수 있으리라고 생각했습니다. 제가 개별적으로 연락드려서 만들어진 모임이라 서로 잘 알지 못하는 분도 계셨기 때문에 한 번 정도는 다 함께 만나 인사를 나눌 필요도 있었고요.

엄마들과의 사전 만남:
취지를 공유해요

모두 모인 자리에서 제가 나눠 드린 유인물 양식은 다음과 같습니다. 쭉 읽어 보면 어떤 내용을 안내해야 하는지 알 수 있을 거예요. 실제로 사용한 유인물의 내용은 이 예시보다 조금 더 자세합니다. 이 양식은 누구나 원하는 대로 편집해서 쓸 수 있도록 제 블로그에 한글(HWP) 파일 문서로 공유하겠습니다. 엄마들이 가정독서동아리 운영의 든든한 조력자로서 함께할 수 있도록, 그래서 궁극적으로는 동아리를 운영하는 엄마 자신이 조금 더 편해지도록 해 주는 중요한 과정이니 꼭 해 보시길 권합니다.

가정독서동아리 활동은 이렇게 진행해요 📂

1. 시기: ○월 ○○일부터 ○월 ○○일까지, 매주 월요일(주 1회)
2. 장소: 학교 끝나고 바로 ○○네 집으로(정문으로 나와서 함께 하교해요.)
3. 시간: 오후 1:30~3:00
4. 함께하는 친구들: 김○○, 김○○, 박○○, 박○○

5. 가정독서동아리의 목표

- 학습 만화가 아닌 그림책에 흥미를 느끼며 읽기
- 책을 통해 나누는 대화의 즐거움을 알기
- 책이 다양한 생각을 할 수 있게 돕는 도구임을 느끼기
- 책을 읽고 자기 생각을 자신감 있게 표현하기
- 평생 '읽는 사람'으로 나아가기

6. 가정독서동아리 활동 진행 방식

- 도착하면 오자마자 출석 인증 과제(한 줄 글쓰기)
- 책 함께 읽기
- 독서 활동
- 4~5권의 책을 읽을 때마다 독서 퀴즈 개최

7. 엄마들께 부탁드려요

- 발표나 글쓰기 내용에 담긴 아이의 생각을 인정하고 공감해 주세요.
- 저학년 때는 맞춤법 지도를 최소한으로 할 예정입니다. 맞춤법이 거슬리더라도 조금만 참아 주세요.
- 아이들을 믿고, 여유롭게 지켜봐 주고 응원해 주세요. 아이들은 자기만의 속도로 잘 성장할 거예요.

8. 가정독서동아리 운영상 엄마들이 해 주실 것

- 아이들이 먹을 간식을 보내 주세요.
- 아이가 개별 칭찬스티커 50개를 모으면 보상을 주세요. 엄마와 아이가 적절한 보상을 미리 약속하고 잘 지켜서 아이가 가정독서동아리 활동에 적극적일 수 있도록 도와주세요.
- 모두 협력하여 모으는 칭찬 스티커판에 스티커 100개를 모으면 키즈카페, 놀이공원, 캠핑 등 아이들이 원하는 곳에서 활동을 할 예정이에요.

여기 적힌 내용을 그대로 다 읽진 않았고요. 모임 날짜나 장소, 시간, 엄마들이 준비해 주셔야 하는 것, 당부하고 싶은 것 등 중요한 사항만 직접 말씀드리고 나머지 부분은 읽어 보시라고 했어요.

그런 뒤에는 엄마들끼리 친교를 다지는 데 중점을 두었습니다. 학원 설명회 같은 분위기가 아니라 그저 동네 엄마들끼리 모여 자유롭게 이야기하는 자리라고 생각하면 됩니다. 아이에 관한 이야기, 앞으로 가정독서동아리 활동과 관련한 이야기뿐 아니라 서로 가까워질 수 있는 가벼운 사담까지 충분히 나누는 시간이 필요합니다. 그러면 다른 엄마들의 생각과 교육관뿐 아니라 말투, 분위기 등을 자연스레 익히게 돼 직접 얼굴을 보지 않고 이야기를 나누는 단톡방에서도 오해 없이 대화할 수 있습니다.

아이들과의 사전 만남:
서로 알아 가는 시간을 가져요

가정독서동아리 운영의 질을 결정하는 것은 누가 뭐래도 활동의 주체인 아이들입니다. 하지만 "엄마, 저는 친구들과 함께 책을 읽으며 독후 활동을 하고 싶어요." 하고 아이들이 스스로 모임을 구성하는 일은 일어나기 어렵습니다. 대부분 엄마들의 욕심으로 매주 가정독서동아리 자리에 모이게 되죠.

"내일부터 너희는 우리 집에서 책을 읽고 독서 활동을 하게 될 거야."라는 선전포고로 모임을 시작하고 싶지는 않았습니다. 물론 아이들의 의사와 상관없이 엄마들이 조직한 모임인 건 분명하지만, 아이들 스스로 이 모임의 목적을 이해하고 함께 활동하는 이유를 알고 시작하기를 바랐습니다. 불편한 자리에 억지로 불려 나오는 게 아니라 즐거운 자리에 주인공으로 초대된 것처럼 발걸음을 가볍게 해 주고 싶었어요.

그러려면 주인공으로서 존중받는다는 느낌을 주어야 했습니다. 아이들이 모이게 된 이유가 무엇인지, 앞으로 어떤 활동을 진행하게 될지를 설명하면서 기대감을 느끼게 해 줘야 합니다. 첫 만남은 어색하고 어설프기 마련이지만, 그럼에도 첫 단추를 제대로 끼워야 하기에 신경 써야 하는 부분입니다.

1단계: 아이들이 모여요

간식을 준비해 둔 테이블에 아이들과 함께 둘러앉아 편안한 분위기에서 이야기합니다. 서로 잘 아는 사이든, 모르는 친구가 있는 경우든 정식으로 자기소개를 하게 합니다. 앞으로 가정독서동아리를 운영하게 될 엄마도 물론이고요.

2단계: 모임의 취지와 앞으로의 활동을 안내해요

장소, 시간, 활동 진행 방식 등 엄마들에게 말씀드린 내용과 같은 내용을 전달합니다. 이때 글이 많은 안내 자료를 아이들에게 읽어 주면 지루해할 것이 분명하므로 활동지, 동시 필사집, 칭찬스티커판을 하나하나 보여 주고, 손에 실물을 들려 주며 앞으로의 활동을 안내했습니다.

그런 다음 각 물품에 자기 이름을 쓰게 한 뒤 정해진 자리에 두게 합니다. 이런 과정을 거치면 아이들은 앞으로의 활동에 대한 호기

칭찬 스티커판 📂

심 및 기대감뿐 아니라 소속감도 느낍니다. 이 공간에 자기 물건이 있다는 것만으로도 다시 왔을 때 친숙감을 느낄 수 있습니다.

이때 공동 칭찬스티커를 모두 모으면 어떤 보상을 받을 것인지를 독서동아리 친구들과 함께 논의하여 정합니다. 나중에 아이들이 보상을 바꾸고 싶어 할 수도 있지만, 미리 정하는 이유는 동기 유발 효과가 크기 때문입니다. 공동의 목표를 향해 협력하여 노력하게 하는 효과는 물론이고, 처음 서로 어색한 상황에 놓인 아이들이 와자지껄하게 보상을 정하는 과정에서 서로 친밀해지며 앞으로에 대한 기대감을 높이는 효과가 있습니다.

제가 진행해 보면서 처음부터 안내해 주었다면 더 좋았을 부분들을 포함해서 가정독서동아리 규칙 목록을 제시하겠습니다. 이 역시 한글 파일 양식으로 제 블로그에 올려 놓을 테니, 필요할 때 내려받아 추가하거나 삭제할 부분을 편집해서 사용하시기 바랍니다.

3단계: 규칙을 안내해요

분위기가 조금 말랑해지면 앞으로 친구들과 일주일에 한 번씩 모여 활동하기 위해 지켜야 하는 약속들을 이야기합니다. 아이들이 규칙을 확실히 지켜 주어야 운영하는 엄마 입장에서 편하므로 정확히 전달해야 합니다.

우리가 지켜야 할 규칙들 📂

- 도착하면 바로 가방과 옷을 정리한 뒤 손 씻고 자리에 앉기
- 자기 물건이 아닌 것은 건드리지 않기
- 활동하는 시간엔 허락 받고 자리 이동하기
- 친구의 발표나 생각은 끝까지 들어 주기
- 친구의 감정을 상하게 하는 말, 놀리는 말 하지 않기
- 필기구, 파일 등 사용한 물건은 제자리에 두기
- 쓰레기는 쓰레기통에 넣기
- 추가 간식 요청은 책 읽기가 끝나거나 하나의 활동이 끝났을 때만!

4단계: 함께 놀아요

1~3단계를 최대한 지루해지지 않도록 빠르게 진행한 뒤, 남은 시간은 같이 편하게 놀면서 시간을 보낼 수 있게 합니다. 함께 놀면서 앞으로 가정독서동아리 활동이 진행될 공간에 익숙해지게 하는 것이 좋습니다.

아이들에게는 자기 집과는 다른 집 자체가 호기심의 대상일 수 있으므로 어느 정도의 호기심을 충족해 줄 필요가 있으며, 아이들 끼리 놀면서 미리 친해질 시간도 필요합니다. 엄마들끼리 친교의 시간을 가졌던 것처럼, 아이들에게도 충분히 친해질 시간을 주어야 하죠. 아이들에겐 함께 노는 것이 서로 가까워지는 최고의 방법이니까요.

미리 맞아 두면
든든한
몇 가지 예방주사

가정독서동아리를 운영하다 보면 의외의 상황에서 당황스러움이나 어려움을 느끼게 됩니다. 겁을 주려는 것이 아니에요. '아, 이런 일이 있을 수 있구나!' 하는 점을 미리 알고 시작하면, 당황스러운 순간이 찾아와도 유연하게 대처할 수 있기에 미리 경험해 본 제가 몇 가지 팁을 드리고자 합니다.

내 아이가 가장 말을 안 들을 거예요

제 아이가 둘 다 남자아이라서 그럴 수도 있지만 비교적 모범생인 첫째, 원래 까불이인 둘째 모두 독서동아리 활동을 할 때 말을 잘 듣지 않는 경우가 있었습니다. 엄마가 가르치기 때문에 편하게 생각해서인지 "여기까지만 하면 안 되나요?", "하기 싫어요." 같은 말을 해서 수업 중 저의 정신을 흔들어 놓곤 했어요.

애초에 가정독서동아리 활동을 시작하기에 앞서 아이와 충분히 이야기를 나눈 뒤 약속을 받아 두면 좋을 거예요. 가정독서동아리 시간에는 '엄마'가 아니라 '선생님'이기 때문에 '엄마'라고 부르지 말고 '선생님'이라고 불러야 하며, 성실히 활동에 임했을 때는 어떤 보상을 주겠다는 등의 약속을 정하면 좋습니다. 이때의 보상은 금전적이거나 자극적인 것보다는 가정의 보상 체계 내에서 적절한 것으로 정해야 부작용이 없습니다.

호칭이 사람의 인식에 영향을 미쳐서 그런지 '선생님'이라고 부르게 했을 때 태도가 조금은 안정되는 것을 느낄 수 있었습니다. 아이 친구들에게도 "나는 ○○이의 엄마가 아니라 독서동아리의 선생님으로서 함께하는 것이기 때문에 모임이 끝나면 ○○이 엄마 또는 아줌마라고 불러도 되지만, 독서동아리 활동을 할 때는 '선생님'이라고 불러 줘."라고 이야기했습니다.

'선생님'이라는 호칭에 익숙해지세요

앞서 언급했듯이 저는 아이들에게 '선생님'이라고 부르게 합니다. 원래 직업이 교사이긴 하지만 그동안 '○○이 엄마' 또는 '아줌마'라고 저를 부르던 아이들에게 '선생님'이라고 불리는 것은 어색한 일입니다. 하지만 호칭부터 바뀌어야 '친구의 엄마'에서 '선생님'

으로 바뀔 수 있게 됩니다. 그게 아이들과의 활동에 더 도움이 된답니다. 잠시의 어색함을 잘 넘기면 금세 익숙해질 거예요.

다만, 부작용은 아이들이 학교나 길에서도 저를 '선생님'이라고 불러서 주변 사람들의 시선을 받을 때가 있다는 점입니다. 학교 앞에서 아이들을 기다렸다가 같이 나오는 저를 유심히 보던 한 학부모님이 "어느 학원인가요? 독서학원 같은데 저희 아이도 보내고 싶어요."라고 하셔서 민망했던 적도 있어요. 아이들이 나오면서 오늘은 어떤 책을 읽는지 묻거나 책과 관련해서 이야기하는 것을 들으셨던 것 같아요. 이런 부분이 걱정된다면 아이들에게 집 밖에서는 선생님이라고 부르지 않기로 약속을 정하고, 깜박했을 땐 노래를 부르게 하는 등의 재밌는 벌칙을 받게 하는 방법도 있습니다.

내 아이가 가장 뒤처질 수도 있어요

친구들과 달리 제 아이는 엄마와 수업하는 것이다 보니 집중도가 상대적으로 떨어졌습니다. 긴장이 덜 돼서 그런지 엉뚱한 내용을 말하거나 쓰곤 했어요. 때로는 집중도와 긴장도를 떠나서 그냥 제 아이의 성취도나 이해도가 떨어지는 모습을 목격하기도 했고요. 원치 않더라도 친구들과 즉각적으로 비교가 되기 때문에 화가 나거나 답답한 순간도 있었죠. '친자 인증'을 피하려고 이걸 시작한 건데, 친자 인증의 경험을 또 하는 순간인 거예요.

그래도 너그러이 자녀를 볼 수 있도록 노력해 주세요. 만약 외주를 맡겼더라면 알 수 없었을 아이의 부족한 부분을 알게 되었으니 얼마나 감사한 일인가요. 순간적으로 답답함이 밀려오는 것은 어쩔 수 없지만, 수업 후 아이의 부족한 부분을 즉시 보충할 수 있다는 장점을 누리면 됩니다.

청소 요정으로 변신한 내 모습을 발견하게 될 수도 있어요

가정독서동아리를 하면서 자주 하게 되는 것이 바로 청소입니다. 아이들이 모이는 날에는 평소보다 집을 더 깨끗이 치웁니다. 활동을 진행하는 거실 위주로 치우긴 하지만, 매번 집을 치우는 것은 조금 번거로운 일입니다.

그런데 매주 반복해서 하다 보니 청소에도 속도가 붙더라고요. 물론 처음보다 '덜 깨끗하게' 치우긴 합니다. 아이들이 올 때마다 완벽하게 치우려고 하면 스트레스를 받을 수 있으니 적정한 선에서 타협하세요. 그러면 행복한 청소 요정이 될 수 있습니다. 거실뿐만 아니라 화장실 청소 주기나 손 세정제 교체 주기도 빨리 돌아오기 때문에 조금 더 부지런해져야 합니다.

혹시 청소와 관련해서 스트레스를 받을 것 같다면 아이들과 미리 규칙을 정해 두는 것이 좋습니다. 활동 후 자리 정리, 간식 먹은 후 뒤처리, 화장실 사용 규칙 등을 미리 정하고 규칙이 자리 잡을 때까지 꾸준히 숙지시켜 주면 아이들도 잘 따를 거예요.

이것도 어려울 것 같다면 '공유누리(www.eshare.go.kr)'에서 무료로 회의실을 대여하는 방법이 있습니다. 공유누리는 행정안전부가 운영하는 공유서비스 포털로, 전국 지방자치단체와 공공기관이 보유한 시설과 장비를 대여해 준답니다.

내 아이가 사소한 것에 스트레스를 받을 수 있어요

아이들이 어릴 때는 친구의 물건을 소중히 여기지 않을 수 있어요. 내 아이가 소중히 여기는 것을 가정독서동아리 친구들이 가지고 놀다가 망가뜨린다든지 물건을 함부로 만진다든지 해서 갈등이 생길 수도 있죠. 친구들이 집에 와서 같이 활동하는 것은 좋지만, 자기 물건을 함부로 다루는 걸 좋아할 아이는 없으니까요.

이와 관련해서 자녀와 충분히 대화를 나누는 게 좋아요. 무조건 양보나 배려를 하라고 강요할 수는 없지만, 집에 친구들을 초대한 것이니 집주인의 마음으로 친구들을 이해해 주려고 노력하자고 이야기하는 거죠. 동시에, 방문하는 친구들에게도 규칙을 분명히 이야기해 주어야 합니다. 자기 것이 아닌 것은 주인에게 허락을 구하고 만져야 하며, 소중히 다뤄야 한다고 말이죠.

만약 이런 부분에서 갈등이 생긴다면 아이들에게 규칙을 다시 한번 상기시켜 주고, 활동이 끝난 후 내 아이의 속상한 마음도 다독여 줄 필요가 있습니다. 그러다 보면 초반에 비해 아이들이 불편한 상황을 서로 만들지 않도록 노력하고, 불편한 감정을 다스리는 방향으로 조금 더 성장해 나간 모습을 볼 수 있을 겁니다.

2부

문해력 상승의 비밀, 가정독서동아리 실전 가이드

아이들과의 활동을 구상할 때 고등학교 국어 교사로서 제 경험이 자연스럽게 반영됐어요. 학교에서 만났던 안타까운 학생들과 잘 해내는 학생들의 모습을 두루 떠올리면서 가정독서동아리 활동을 어떻게 구성할지 고민했습니다.

당장 눈에 띄는 성과를 내지는 못하더라도 중학교, 고등학교, 그 이후 성년이 되어서까지 독서를 통해 차근차근 꾸준히 성장할 수 있는 아이가 되는 데 도움이 될 수 있게 하자고 마음먹었고요. 가정독서동아리 활동을 통해 길러진 내공이 결국은 아이들의 삶에 도움이 되게 하는 것을 목표로 삼은 것이죠.

제가 아이들과 함께했던 단계들을 소개하면서 그 활동들을 통해 궁극적으로 도달하고자 하는 목표가 무엇인지도 함께 이야기하겠습니다.

3장

단단하고
흔들림 없는
문해력 기초 공사
5단계

출석 미션으로 몸풀기: 글쓰기와 동시 필사

아이들이 도착해서 본격적인 활동을 시작하기 전에 함께하는 것이 있습니다. 바로 출석 미션 활동이에요. 어수선한 분위기를 정리하기 위한 짧은 글쓰기입니다. 빠르게 독서동아리 활동 모드로 전환할 수 있도록 도와주는 몸풀기라고 보면 됩니다.

한 줄·두 줄·세 줄 글쓰기, 동시 필사 등의 출석 미션을 완료하면 아이들은 개별 칭찬스티커를 하나씩 획득합니다.

한 줄·두 줄·세 줄 글쓰기

오늘 하루 학교에서 있었던 일을 간단히 쓰고, 그 경험에 대한 느낌을 적습니다. 한 줄이라서 아이들이 부담 없이 적으면서도, 글로 옮겨 적을 만한 의미 있는 경험을 떠올리고, 그것을 글로 옮기는 과정을 거치며 사고를 정리하는 연습을 할 수 있어서 저학년의 글쓰기 연습에 효과적입니다.

저학년에는 단순한 사실을 적는 것은 비교적 잘하지만 자신의 감정을 정리하는 데는 서툽니다. 그렇기 때문에 감정을 드러내는 말을 적은 뒤엔 밑줄을 치거나 네모 표시를 해서 구별해 보자고 하면 더 의식하고 잘 써냅니다. 많은 아이들이 단순히 '좋았다', '싫었다'라고만 반복해서 적곤 하는데, '좋았다'라는 감정을 더 구체화할 수 있는 단어(기쁘다, 행복하다, 뿌듯하다, 신나다, 유쾌하다 등)를 알려주거나, 좋았던 구체적인 이유를 물어봐 주면 자신이 느끼는 감정의 단어를 조금 더 섬세히 다듬을 수 있게 됩니다.

다 적은 뒤에 서로 돌아가며 발표하고 이야기를 주고받는 근황 토크까지 진행하면, 편안하게 대화를 나누는 분위기가 만들어집니다. 일주일에 한 줄만 적으므로 한 줄 글쓰기 활동지는 한 장 만들면 꽤 오래 사용할 수 있습니다.

이 활동지를 다 쓸 무렵이면 이미 한 줄 글쓰기에 익숙해져서 두세 줄씩 쓰기 시작하는 아이가 나옵니다. 그러면 두 줄 글쓰기로 바

한 줄 글쓰기, 두 줄 글쓰기, 세 줄 글쓰기 📁

꾸어 진행하고, 이것도 금세 익숙해지면 조금 더 욕심을 낸 버전인 세 줄 글쓰기에 돌입합니다.

세 줄 글쓰기엔 육하원칙(누가, 언제, 어디서, 무엇을, 어떻게, 왜)을 추가합니다. 육하원칙을 설명해 준 뒤 이 중 3개 이상이 들어가게 자기의 경험을 적고, 경험에 대한 느낌을 추가하게 합니다. 이를 통해 자기 경험을 구체적·논리적으로 적어 내는 연습을 할 수 있어요. 아이들은 글의 길이를 차근차근 늘려 나가면서 자신의 경험에서 느낀 감정을 잘 포착하여 글로 표현할 수 있게 됩니다.

저는 첫째 아이 모임에서 한 줄·두 줄·세 줄 글쓰기를 차근차근 진행하다가 아이들이 충분히 익숙해진 뒤에는 동시 필사로 몸풀기 미션을 변경했습니다.

동시 필사

출석 미션으로 동시 필사를 하게 된 이유는 아이들이 고등학생이 되어서도 '시'에 거부감을 느끼지 않고 즐겁게 읽을 수 있길 바라서였습니다. 고등학생들은 문학의 갈래 중 시를 상당히 어려워합니다. 그냥 말하면 되지 왜 그런 어려운 표현을 써서 돌려 말하는지 이해할 수 없다고들 하죠. 하지만 어린이들은 동시를 어려워하지 않습니다. 오히려 재미있게 읽고, 리듬감을 살려 읽다가 외워버리기도 하죠. 동시를 좋아하던 어린이들은 다 어디로 가고, 시를 어려워하는 중·고등학생들만 남은 걸까요?

"동시는 쉽지만 중·고등학생들이 접하는 시는 어렵잖아요."라고 한다면, 반은 맞고 반은 틀립니다. 실제 청소년들이 교과서나 시험에서 만나는 시가 동시보다 어려운 것은 사실입니다. 어린이보다 인지 수준이 높아진 중·고등학생들이 여전히 동시를 배울 수는 없는 일이죠. 초등학생 때 풀던 수학 문제보다 중·고등학교에서 푸는 수학 문제가 더 어려운 것처럼요. 그런데 수학이 어려워진 것엔 적응하는 학생들이 왜 시가 어려워지는 것에 적응하지 못할까요? 그 까닭은 '연속성'을 잃어버렸기 때문입니다. 수학은 수능을 치르는 날까지 손에서 놓지 않고 쉼 없이 공부합니다. 하지만 시는 그렇지 않죠. 주변에 동시집을 꾸준히 읽는 초등학생, 시집을 꾸준히 읽는 중·고등학생이 있나요?

시의 수준은 높아지는데, 아이들은 어느 순간 동시를 끊어 버립니다. 초등 고학년만 되더라도 시는 교과서에서만 접하는 것이 되어 버리죠. 이런 아이들이 중·고등학생이 되어서 시를 자연스럽게 읽고 이해한다는 것은 쉬운 일이 아닙니다.

그래서 초등 아이들에게 동시를 꾸준히 읽혀야겠다고 생각했습니다. 동시는 아주 매력적인 문학 갈래입니다. 길이가 길지 않아 부담이 없으면서도 의성어, 의태어, 비유, 상징, 의인법 등 다양한 표현이 꽉꽉 채워져 있어요. 이 참신함과 생동감은 아이들의 언어와 닮아서 아이들이 더 흥미롭게 다가서고 공감할 수 있습니다. 궁극적으로는 아이들의 일상 언어를 더 풍요롭게 해 주죠.

공책 한쪽에 시를 붙여 놓고 그 옆에 필사하는 방식으로 진행하거나, 시중에 나와 있는 동시 필사집을 이용하는 방법을 선택해도 됩니다. 진행하는 엄마가 편하게 여기는 방식을 선택하는 게 중요합니다. 저는 동시 필사집을 이용하는 대신 기존의 동시집에서 그때그때 동시를 골라서 진행했죠. 필사할 시를 다 함께 소리 내어 읽은 뒤 필사를 진행하면 되는데, 필사를 하는 다양한 방법이 있어요. 그중 몇 가지를 소개하겠습니다.

시의 내용을 그대로 필사한다

아직 반듯한 글씨 쓰기를 충분히 연습해야 하는 저학년은 8~10칸 노트를 준비해서 짧으면서도 어렵지 않은 동시를 쓰게 합니다.

초등 중학년은 조금 긴 길이의 동시도 다루기 위해 줄 노트를 준비하는 것이 좋습니다. 시중에 판매되는 동시집을 이용할 때는 아이들의 수준을 고려해서 선택합니다.

추가 미션을 수행한다

자연스럽게 시 공부를 할 수 있도록 미션을 추가합니다. 동시 필사에 어느 정도 익숙해진 아이들에게 적합합니다. 꾸준히 연습하다 보면 중·고등학생이 되어 만날 시도 자연스럽게 이해할 수 있도록 다음과 같은 미션을 부여했습니다. 시에 따라, 그리고 아이들의 수준에 따라 적절한 미션을 골라서 필사 활동을 하면 됩니다.

- 의성어·의태어 찾아 동그라미 치기
- 반복되는 부분에 밑줄 치기
- 시에서 가장 재밌는 부분을 찾고, 그 이유 말해 보기
- 시의 제목을 새로 정한 뒤 원래 제목과 비교해 보기
- 시에서 묘사되는 중심 대상과 화자를 찾아 동그라미 치기
- 꾸며 주는 말에 밑줄 긋고 꾸밈을 받는 말에 동그라미 치기
- 감각적 표현(시각, 청각, 촉각, 미각, 후각)을 찾아 표시하기
- 시에서 묘사된 대상과 나의 닮은 점을 찾아 적어 보기
- 시인이 제목을 왜 이렇게 지었을지 생각해 보기
- 화자가 놓인 상황을 시의 내용에 근거하여 설명해 보기

미션에 따라 시의 내용을 변형하여 필사한다

아이들이 동시 필사를 통해 시의 주제, 정서, 구조 등을 스스로 익힐 수 있게 돕는 미션입니다.

- 시의 구조와 표현 방식을 살려 1~2행을 추가하기
- 시의 구조와 표현 방식을 유지하여 모방 시 쓰기
- 사용된 의성어나 의태어를 다른 것으로 바꾸어 쓰기
- 시의 전체 흐름을 고려하여 1행 또는 1연을 바꿔 쓰기

이 활동은 아이들이 서로 다른 필사본을 비교하는 과정에서 변형된 부분의 적절성을 서로 평가하며 시에 대한 자신의 이해를 돌아볼 수 있게 합니다. 시간이 조금 더 소요되지만, 한 편의 시를 다양한 관점으로 익힐 수 있습니다.

상황에 따라 이상의 세 가지 방법을 자유롭게 섞어서 진행합니다. 이렇게 1~2주에 한 번씩 시를 접하는 건 그다지 어려운 일이 아닐 거예요. 이 과정이 초등에서 고등까지 단절 없이 꾸준히 진행된다면, 시를 읽는 내공이 쌓일 뿐만 아니라 시를 즐길 줄 아는 아이로 성장할 겁니다. 고등학생이 되어 모르는 시가 시험에 출제되더라도 두려움 없이 시를 읽게 될 것입니다.

책 읽고 싶어지는
동기 유발 활동:
'배.표.제.작'

책을 읽기 전 단계에서는 아이들의 흥미를 끌어내 책을 읽고 싶게 만들어야 해요. 책에 호기심을 느끼고 내용을 궁금해하게 만들면 이후의 과정이 순탄하게 진행되거든요. 독서의 효과가 높아짐은 물론이고요.

이 단계에서 해야 할 것이 '배.표.제.작'입니다. 순서대로 배경지식, 표지, 제목, 작가를 뜻합니다. '배표를 제작하여 책의 세계로 항해를 떠난다'라고 기억하면 좋습니다.

- **배**경지식 활성화
- **표**지 그림에 주목하기

- **제**목의 의미 생각하기
- **작**가가 누군지 알아보기

배경지식을 제외한 표지 그림, 제목, 작가는 책을 펼치지 않아도 아이들이 쉽게 알 수 있는 정보입니다. 그러므로 아이들과 가볍게 문답을 주고받으며 동기를 유발할 수 있습니다.

활동 도서:《오싹오싹 크레용!》
에런 레이놀즈 글, 피터 브라운 그림, 홍연미 옮김, 토토북

질문 제목이 '오싹오싹 크레용!'이네? 표지 그림을 보면 크레용이 정말 오싹오싹할 것 같니?

대답 아니요. 귀여워요. 장난꾸러기 같아 보여요.

질문 그런데 토끼 표정은 어때 보여?

대답 토끼가 겁에 질려 보여요. 오싹오싹한 기분이 드나 봐요.

질문 도대체 어떤 점에서 토끼는 크레용을 오싹오싹하다고 생각한 걸까?

대답 토끼를 괴롭힐 것 같아요. 무서운 그림을 그리게 할 것
같아요.

이처럼 질문에 답을 자유롭게 떠올리며 아이들은 책 내용에 호
기심을 갖게 됩니다.

질문 글 작가가 에런 레이놀즈, 그림 작가가 피터 브라운이
네. 생각나는 작품 있지 않아?
대답 오싹오싹 당근이요!
대답 오싹오싹 팬티요!
질문 그 책들과 이 책은 내용이 비슷할까?
대답 비슷할 것 같아요.
대답 이 토끼도 재스퍼일 것 같아요.
대답 당근이랑 팬티를 없앤 것처럼 크레용도 없앨 것 같아요.
질문 그러면 어떻게 오싹오싹 크레용을 없애는지 살펴볼까?
대답 네!

신나게 대답하던 아이들은 기대감을 잔뜩 안고 책 읽기를 시작
합니다. 이렇게 표지, 제목, 작가에 가볍게 접근하면서 책에 대한
호기심을 유발할 수 있습니다. 또 앞의 대화처럼 표지나 제목, 작

가의 이름이 기존에 읽었던 다른 책들을 떠올리게 한다면 자연스럽게 새로운 책을 읽는 데 배경지식으로 작용하게 됩니다.

'배.표.제.작' 중에서 '배경지식'은 가장 넓은 범주로서 나머지를 포괄한다고 볼 수 있어요. 표지, 제목, 작가 이름이 배경지식으로 작용할 수 있는 것은 물론 책과 관련한 역사적 배경이나 관련 지식이 모두 배경지식이 될 수 있거든요. 배경지식 차원에서 접근하기 전 '표.제.작'을 통해 아이들의 동기 유발을 어떻게 하면 좋을지, 이게 왜 중요한지 이야기해 볼게요.

배경지식이란 어떤 일을 하거나 연구할 때, 이미 머릿속에 들어있거나 기본적으로 필요한 지식을 말합니다. 단, 오래전 서랍 속에 넣어 둔 물건처럼 어디 있는지도 잘 몰라서 필요할 때마다 찾아 헤매야 하는 지식이 아니라, 언제든 쉽게 찾을 수 있도록 활성화된 지식이어야 의미가 있습니다. 책 내용과 관련된 배경지식을 알고 있다면 책에 대한 이해가 깊어지고 내용을 기억하는 데 도움을 줄 수 있어요. 아이들은 아직 배경지식이 풍부하지 않기에, 책을 읽기 전 미리 알려 주면 좋습니다. 다만, 책의 수준이나 내용에 따라 다뤄야 할 배경지식이 많을 때도 있고, 그렇지 않을 때도 있어요.

배경지식을 활성화하는 방법은 다음 세 버전으로 나눠 볼 수 있습니다. 진행하는 엄마가 무리하지 않는 것이 중요하므로, 힘들다면 초급 버전으로만 꾸려 나가다가 가끔 에너지가 가득한 날 중급이나 심화 버전에 도전해 봐도 좋습니다.

[초급]

책과 관련한 다양한 배경지식을
염두에 두지 않고 읽어도 되는 쉬운 책

이럴 땐	이렇게
• 활동 시간이 넉넉하지 않을 때 • 진행하는 엄마의 준비 시간이 빠듯할 때	• '표지, 제목'을 바탕으로 가볍게 대화한 후, 이를 배경지식으로 삼아 책 읽기

가볍게 이야기하며 진행해도 충분해요.

예   "표지가 어때? 주인공이 교실에서 울고 있네. 교실에서 속상했던 기억을 떠올리며 주인공은 왜 울었을지 파악하고, 자기 상황과 비교하면서 책을 읽어 보자."

[중급]

책과 관련한 다양한 배경지식을
엄마가 미리 알고 있는 책

이럴 땐	이렇게
• 같은 작가의 책이나 동일 소재의 책을 아이들이 이미 읽었을 때 • 간단한 개념 용어들을 미리 알면 내용을 이해하는 데 도움이 될 때	• 이전에 읽었던 책의 내용이나 작가에 대해 간략히 언급하기 • 책과 관련한 개념을 간략히 소개해 주거나 알아 두면 좋을 정보 정리해 주기

📖 말로만 설명해도 되는 내용은 말로 해도 되지만, 간단한 정리가 필요할 때는 독서 활동지에 기록하면서 소리 내어 같이 읽으면 좋아요.

예 "이야기 중에는 절대 하지 말라는 내용의 '금기'가 나올 때가 있는데, 주인공들은 이걸 꼭 어겨서 문제가 생겨. 이 책엔 어떤 금기가 나오는지, 주인공은 금기를 어길지, 지킬지 써 보며 책을 읽어 보자."

[심화]
사회적·역사적 배경을
바탕으로 창작된 책

이럴 땐	이렇게
• 중학년 이후 책을 통한 배경지식 확장에 욕심내어 보고 싶을 때 • 엄마에게 육체적·정신적 에너지가 충분할 때	• 책 내용과 관련된 다양한 배경지식을 활동지에 정리해 주기 • 함께 소리 내어 읽은 뒤, 책 읽기에 적용하여 읽어 나가기

📖 말로만 설명하면 이해하기 어려울 수 있으므로 이 내용은 꼭 독서 활동지에 정리해 줍니다.

예

활동 도서: 《헨리의 자유 상자》
엘린 레빈 글, 카디르 넬슨 그림, 김향이 옮김, 뜨인돌어린이

① 언어	인권, 자유, 인종 차별 등
② 주제	링컨과 미국의 노예 제도
③ 작가	엘린 레빈이 영감을 받은 책 《지하 철도》
④ 역사적 배경	노예 해방 운동과 여성의 참정권 운동

《헨리의 자유 상자》는 미국의 노예 제도 아래에서 자유를 찾아 탈출하는 헨리 브라운의 실제 이야기를 다룬 책으로, 인권과 자유의 소중함을 느끼게 하는 감동적인 이야기가 담겨 있어요. 미국의 노예 제도, 조선의 노비 제도와 같이 인간을 계층별로 나누어 특정한 계층의 자유를 억압하던 불합리한 상황을 생각해 보며 현재 누리는 자유의 가치를 생각해 볼 수 있는 그림책입니다.

언어·주제·작가·역사 등과 관련된 배경지식을 예로 들 수 있지만, 이를 모두 다룰 필요는 없습니다. 한 권의 책에 다양한 영역의 배경지식이 존재하지 않을 수도 있고, 배경지식에 너무 욕심을 부리면 책을 본격적으로 읽기도 전에 아이들이 지칠 수 있어요. 꼭 필요한 것으로 한두 가지만 선택하면 됩니다.

보통은 언어와 관련한 배경지식, 주제와 관련한 배경지식이 책 내용을 이해하는 데 직접적인 도움이 되므로 이 두 가지를 먼저 찾아본 뒤 다른 것들도 찾아보면 좋습니다. 저도 다음의 예시 중 일부만 수업에 활용했습니다. 책의 내용, 아이들의 수준, 허용된 시간, 엄마의 에너지 등을 고려해서 적당한 것을 골라 활용하면 됩니다.

- **언어와 관련한 배경지식**: 책의 내용을 이해하기 위해 알아야 하는 어휘에 대한 지식입니다. 어린아이들은 성인보다 어휘력이 부족하므로, 내용을 이해하는 데 필수적으로 알고 있어야 하는 용어가 있다면 미리 설명합니다.

  적용 인권, 자유, 인종 차별은 추상적 개념어라 아이들이 이해하기 어려울 수 있지만, 이 책의 내용을 설명할 때 꼭 필요해요. 이 어휘를 쉽게 이해할 수 있는 예를 들어 주면서 사전적 의미까지 이야기해 주어야 아이들이 책의 메시지를 이해할 수 있습니다. 설명하고 가르치기보다 아이들이 소리 내어 읽으며 기억하도록 도와주세요.

- **주제와 관련한 배경지식:** 책의 주제와 관련한 지식으로, 아이들이 이미 알고 있는 다른 지식과 연관 지어 설명합니다.

  적용 아이들이 잘 알고 있는 링컨과 미국의 노예 제도를 엮어서《헨리의 자유 상자》가 창작된 배경을 이야기합니다. 전래 동화에서 주인을 따라 어디든 가야 했던 노비의 삶을 떠올리며 노예 제도와 비교해도 좋습니다. 아이들의 이해 수준, 학년에 따라서 다룰 내용의 범위를 정해 보세요. 그림책이긴 하지만 깊이 있는 지식을 전달할 수 있는 책이었기에 4학년 아이들과 함께 활동했습니다.

- **작가와 관련한 배경지식:** 항상 그런 것은 아니지만, 작가에 대한 정보를 알 때 이해의 깊이가 달라지는 책들이 분명히 존재합니다. 작가의 생애, 작가의 다른 작품, 작가에게 영향을 준 사건 등을 알면 독서가 더 풍부해지는 경우죠. 책 읽는 과정에서 작가에게 관심을 기울이고, 어떤 작가인지 궁금해하며 찾아보는 적극적 독자가 될 수 있도록 작가와 관련한 이야기를 자주 들려주세요.

  적용 이 책의 작가 엘린 레빈은 노예 해방을 위해 애쓴 지하 조직에 관한 책《지하 철도(The Underground Railroad)》(윌리엄 스틸, 1872)에 감명받아 이 책을 썼다고 해요. 주인공 헨리도 이 조직의 도움으로 해방을 얻은 사람 중 한 명이고요. 작가를 알아 가는 과정에서 자연스럽게 '지하 철도'라는 조직이나 노예를 해방하기 위해 노력했던 이들의 존재를 알 수 있으며, 작가가 느꼈던 가슴 벅찬 감동을 함께 느껴 볼 수 있답니다.

• **역사적 배경과 관련한 배경지식**: 한 권의 책에는 책이 쓰인 시대의 상황이 반영되어 있어요. 지금과 동떨어진 시대의 책을 읽는다면 당시의 사회적·정치적·문화적 배경을 이해하는 게 도움이 됩니다. 중·고등학교 때 읽게 되는 고전 문학도 역사적 배경을 알고 있어야 작품을 제대로 이해할 수 있는 경우가 많아요.

적용 노예 제도의 부당함에 맞서 지하 철도 운동이 일어난 것이나, 그 과정에서 자유를 얻은 사람이 나중에 여성의 참정권을 주장하는 운동까지 하게 되었다는 역사적 사실을 이야기해 줄 수 있어요. 지금 우리가 누리는 자유와 평등이 사실은 치열한 투쟁의 결과물이며 굉장히 소중한 것임을 헨리의 탈출을 통해 제대로 느낄 수 있을 거예요.

한 권의 책을 읽는 데 이렇게 많은 배경지식을 설명해야 하는 것이 부담스러울 수도 있을 겁니다. 그럴 때는 초급 단계까지만 진행해도 괜찮습니다. 책의 표지와 제목만 해도 많은 정보를 담고 있거든요. 우울한 표정의 흑인 아이가 화면 가운데 앉아 있는 표지 그림과 '자유 상자'라는 제목을 보고 아이들은 대강의 내용을 예측해 나갑니다. 4학년 정도 되면 노예나 인권에 대한 개념을 어렴풋이나마 알기에 자연스럽게 이야기를 주고받거든요.

초급부터 심화 단계까지 다 진행해야 한다고 생각하면 엄마가 힘들어집니다. 초급 단계는 필수, 중급 단계와 심화 단계는 선택이라고 생각하면 마음이 편할 거예요. 저도 항상 초급 단계를 기본으로 하고, 시간과 에너지가 충분할 때 단계를 높여 가고 있답니다. 맛을 더하면 더할수록 음식 맛이 깊어지듯이, 단계를 높일수록 책에 대한 이해가 깊어지는 것은 분명하지만, 일단은 엄마가 지치지 않고 운영할 수 있는 게 중요하니까요.

독서의 시작에서 마무리까지 배경지식을 동원하여 읽는 과정은 아이들이 기존 지식을 새로운 책을 읽는 데 활용하는 연습을 하고, 배경지식 덕분에 작품 감상의 폭이 넓어짐을 경험하게 만듭니다. 책에 쓰인 내용만 읽는 데서 나아가 배경지식을 동원하는 것의 가치를 느끼면, 앞으로는 스스로 배경지식을 찾아 능동적인 독서를 해 나갈 수 있습니다. 이는 학습 태도로도 확장되어, 새로운 주제를 더 빠르고 효율적으로 습득하면서도 깊이 있는 공부를 할 수 있게 됩니다. 배경지식을 꺼내서 활용하는 연습을 충분히 한다면 자연스레 학업 능력도 향상될 거예요.

책 속으로 깊이 빠져드는 읽기 전략: '독.쓰.대'의 반복

책을 읽기 전 배경지식을 활성화했다면, 본격적으로 책을 읽습니다. 저학년(1~2학년) 시기에는 주로 그림책을 읽힙니다. 2학년 중반이 넘어가면 글밥 책을 가끔 맛보게 해 주고, 3학년이 되면 네 번에 한 번 정도는 글밥 책을 읽힙니다. 4학년 아이들에게는 두 번에 한 번 정도 글밥 책을 선정해 주는데, 5학년부터는 주로 글밥 책을 읽히려고 합니다. 학년이 올라가며 글밥 책의 비중을 점차 늘려 가는 방식이에요.

이 단계에서는 아이들이 책을 읽고 책과 관련한 생각을 다양하고도 깊게 할 수 있도록 이끌어 주어야 합니다.

그럼 지금부터 그림책을 읽는 경우와 글밥이 많은 책을 읽는 경우로 나누어, 각각 어떻게 진행하면 좋을지 소개하겠습니다.

그림책을 읽을 땐
자유롭게 대화하기

그림책은 엄마가 가운데에 앉아 아이들을 향해 직접 읽어 주는 방식으로 진행합니다. 그림책은 말 그대로 그림의 양이 글보다 많고, 대체로 그림이 글보다 더 많은 의미를 담고 있습니다. 글자만이 아니라 그림에도 집중하게 해 줘야 내용을 온전히 이해할 수 있죠.

그림을 통해 내용을 추론하게 하거나 글에는 담겨 있지 않은 의미를 읽어 낼 수 있도록 이끌어 주면 좋습니다. 중간중간 내용을 잘 이해하고 있는지 확인할 수 있는 질문을 던지고 책 속 장면에 대한 아이들의 생각을 물음으로써 아이들이 계속 책에 집중하게 만든다면 이해를 심화하는 데 도움이 될 거예요.

아이들과 활동을 진행하다 보면 질문이 꼬리에 꼬리를 물며 자연스럽게 나옵니다. 다음은 질문 예시입니다.

- 인물은 왜 이런 표정을 짓는 걸까?
- 인물의 마음은 어땠을 것 같아?

- 그림을 보니 지금 어떤 상황이 벌어진 것 같아?
- 인물은 왜 이런 말을 하는 걸까?
- 다음 장면에서는 어떤 일이 벌어질 것 같아?

질문의 수가 정해진 것은 아니지만 지나치게 많은 질문을 하거나 너무 장황한 설명을 늘어놓으면 책 읽기의 흐름이 끊길 수도 있습니다. 아이들의 반응을 살피며 적절한 질문을 하는 것이 중요합니다.

📖 정해진 형식 없이 자유롭게 대화하며 진행하기 때문에 질문을 독서 활동지에 수록하지 않고, 읽는 중에 무언가를 적게 하지도 않습니다. 책 자체를 깊이 읽는 데 집중하게 해 주세요.

글밥 책을 읽을 때 독.쓰.대 3단계 진행하기

글밥 책은 제가 다 읽어 줄 수 없으므로 아이들에게 일정 시간을 주고 읽게 합니다. 혼자 집에서 책을 읽어 오는 숙제를 낼 수도 있지만, 일정상 함께 책을 읽기 어려운 경우를 제외하고는 활동 시간 중에 읽습니다. 초등까지는 글밥 책을 꼼꼼하게 제대로 읽는 연습을 하는 게 중요하기 때문이에요. 평소 자유롭게 읽는 책이 아니라 독서동아리 활동을 위해 읽는 책만큼은 챕터별로 끊어 가며 제대로 읽고 있는지 점검하는 것이 좋습니다. 그리고 세세한 내용을 잊기 전에 읽은 부분에 대해 생각을 나눌 수 있는 대화를 잊지 않고요. 이 단계에서는 '**독.쓰.대**'를 진행합니다. '독서대에 책을 올려놓고 진지하게 책을 읽어 나간다'를 떠올리면 쉽게 기억할 수 있답니다.

- **독**서: 긴 호흡으로 한 번에 읽는 대신 챕터별로 나누어 읽기.
- **쓰**기: 한 챕터를 읽을 때마다 내용을 잘못 이해하거나 놓친 것은 없는지 점검하는 내용을 활동지에 쓰기.
- **대**화: 읽은 부분에 대한 각자의 생각을 친구들과 나누기.

'독.쓰.대'의 과정은 한 권의 책을 다 읽을 때까지 반복합니다. 위 과정을 거치며 읽다 보니 혼자 읽으면 30~40분 정도 걸렸을 책을 두 차시에 걸쳐 읽을 때가 많습니다. 하지만 이 과정을 꼼꼼하게 거칠수록 마지막에 진행하는 글쓰기 활동이 수월해지고 글의 완성도가 높아집니다. 천천히 꼭꼭 씹으며 생각을 정리했기 때문이에요.

그냥 읽어 오게 했으면 잘못 이해했는지도 모르고 넘어갔을 부분들을 '쓰.대' 단계를 통해 스스로 알게 됩니다. '쓰' 단계에서는 책 내용을 정확히 이해했는지 확인하고, '대' 단계에서는 책 속 상황, 인물의 행동에 감춰진 의도나 생각 등 행간을 제대로 이해했는지 확인하게 되거든요. 이렇게 아이들은 '독.쓰.대' 과정을 통해 책을 읽었는데도 제대로 이해하지 못한 부분이 있음을 스스로 깨닫게 됩니다.

총 7개 챕터로 이루어진 글밥 책인 《거인 부벨라와 지렁이 친구》(조 프리드먼 글, 샘 차일즈 그림, 지혜연 옮김, 주니어RHK)를 읽고 독.쓰.대를 진행한 과정을 소개하겠습니다.

다음은 독서 활동지의 일부예요. 아이들은 먼저 서문을 읽고 (독), 빈칸에 적절한 내용을 채웁니다(쓰). 빈칸을 채우면서 책 내용을 제대로 이해하며 읽었는지 스스로 점검하고, 저도 아이들이 어려워하는 지점을 파악하며 이야기를 나눕니다(대). 인상 깊은 구절도 적어 보게 함으로써 해당 챕터에 대한 감상도 공유합니다. 이렇게 한 챕터가 끝나면 다음 챕터를 같은 방식으로 진행합니다.

책을 읽으며 빈칸을 채우고 인상 깊은 구절을 적어 보세요 📂		
목차	핵심 내용	인상 깊은 구절
서문	√ 창작 동기: _____에게 들려주려고 √ 중심 인물: __, __ √ 작가가 공부하며 알게 된 것: 　모든 사람에게는 __이/가 있다.	

챕터 1	√ 지렁이는 부벨라의 ㅂㄴㅅ을/를 지적하며 말을 걸었다. 부벨라의 ___이/가 심했던 이유는 ____이/가 없어서였다. √ 지렁이를 초대한 부벨라는 __와/과 ___을/를 청소하고 _____을/를 준비했다. √ 부벨라가 정원사의 ___에 보답하고 싶다고 생각하자, ___의 힘이 생겨 정원사의 아픈 허리를 고쳐 줄 수 있게 되었다.	

📖 빈칸 채우기, 초성 힌트를 바탕으로 적절한 말을 채우는 단순한 방식이라 활동지 제작이 어렵지 않으면서도 아이들의 이해 여부를 파악할 수 있어 좋습니다.

이런 과정을 반복적으로 연습하면 책을 깊이 이해할 수 있습니다. 그러면 학습을 위한 독서를 할 때도 정보를 정확히 이해하면서 행간의 의미까지 꼭꼭 씹어 이해하는 능력이 키워질 것입니다.

독서 끝?
다 읽고 완벽하게
내 것 만들기: 7가지 독후 전략

독후 활동의 기본
'이해하고, 생각하고, 글쓰기'

2단계의 읽기 전 활동, 3단계의 읽기 중 활동에 이어, 책을 다 읽은 뒤 진행하는 4단계의 독후 활동은 제가 가장 공들이는 단계입니다. 단계별로 꼼꼼히 다져 왔으니, 마지막 독후 활동을 통해 아이들에게 배움과 성장이 일어날 수 있도록 돕는 것이죠.

이렇게 이야기하면 어렵게 느껴질시도 모르지만, 전혀 어렵지 않습니다. 저는 정해진 공식처럼 매번 반복하는 게 있는데, 바로 '이.생.글'입니다. 잘 따라 하면 아이가 신이 나서 활짝 웃을 정도로 한 권의 책을 온전히 자기 것으로 만들 수 있게 도와줄 수 있어요.

📖 독후 활동은 학생들이 생각한 내용을 글로 적고 생각을 나누는 활동이 대부분이기 때문에 독서 활동지에 담아냅니다.

- **이**해하고 있는지 확인하는 활동 하기

  (빈칸 채우기, ○× 퀴즈 등)
- **생**각을 심화시킬 수 있는 질문을 던져 대화 나누기
- **글**쓰기를 통해 책에 대한 이해 심화하기

각 단계를 예시와 함께 자세히 살펴볼게요.

이해하고 있는지 확인하는 활동 하기

아이들이 내용을 잘 이해했는지 확인하는 것뿐 아니라 읽은 내용을 다시 한번 떠올리게 정리하는 과정입니다. 저는 가볍게 하고 넘어가는 편입니다. 빈칸 채우기, ○× 퀴즈 등으로 구성하기 때문에 활동지를 제작하기도 어렵지 않아요.

예 **활동 도서: 《돌멩이 수프》**
마샤 브라운 글·그림, 고정아 옮김, 시공주니어

읽은 내용을 떠올리며 다음의 활동을 해 보세요.

1. 군인들은 전쟁터로 향하는 길이었다. (○ / ×)
2. 군인들이 바라는 것은 (   )와/과 (   )이었다.
3. 마을 사람들은 용맹한 군인들을 환영해 주었다. (○ / ×)
4. 마을 사람들은 군인들이 온다는 소식을 듣자 (   )을/를
   모두 감추었다.

생각을 심화시킬 수 있는 질문을 던져 대화 나누기

책 내용을 조금 더 깊이 이해할 수 있도록 생각할 거리를 던져
줍니다.

예　　　　　　　**활동 도서:《종이 봉지 공주》**
로버트 문치 글, 마이클 마첸코 그림, 김태희 옮김, 비룡소

읽은 내용과 관련하여 다음 질문에 대해 생각해 보고, 대화를
나누어요.

1. 내가 엘리자베스 공주였다면, 진짜 공주처럼 옷을 차려입
   고 다시 오라는 왕자의 말에 어떤 기분이 들었을까? 그리
   고 어떻게 행동했을까?
2. 내가 왕자였다면, 종이 봉지를 입고 온 공주를 보고 어떤
   기분이 들었을까? 어떤 말을 해 주었을까?

3. 엘리자베스가 왕자와 결혼하지 않게 되었을 때 좋아한 이유는 무엇일까?
4. 공주답다는 것은 무엇일까? 내가 생각하는 이상적인 공주의 모습은 무엇인가?

질문 예시를 보면 알 수 있듯이, 엄마가 미리 많은 공부를 해서 심오한 질문을 던져 줘야 하는 것은 아닙니다. 인물의 상황에 자기를 대입해 보게 하고 인물의 행동에 담긴 의미를 파악하게 하는 활동들만으로도 충분합니다.

보통 3~4개의 생각할 거리를 제시하는데, 제가 던진 질문이 꼬리에 꼬리를 물고 뻗어 가면서 이야기가 꽤 길게 진행되는 편입니다. 시간과 진도의 자유가 허락되는 가정독서동아리의 장점을 살려 아이들이 이야기를 최대한 많이 하도록 유도하고 함께 들으며 대화해 주세요. 논쟁거리를 던져 주는 경우 대화가 과열될 때도 있는데, 그럴 때만 적절하게 중재해 주고 되도록 아이들끼리 이야기를 진행할 수 있게 안내하는 편입니다.

'생각하기' 단계의 활동이 충분히 잘 진행되어 아이들의 머릿속이 다양한 생각으로 가득 찼다면, 이제 다음 단계인 글쓰기 활동이 수월해집니다.

글쓰기를 통해 책에 대한 이해 심화하기

자기 생각을 정리하는 가장 좋은 방법은 말이나 글로 표현하는 것이죠. 생각을 정리했다면, 그것을 글로 표현해야 책 내용을 꼭꼭 씹어 이해하는 과정이 완성되기 때문에 독후 활동의 마지막 순서에 빠뜨리지 않고 포함합니다.

예　　　**활동 도서:《강아지똥》**
권정생 글, 정승각 그림, 길벗어린이

책에 등장하는 다섯 인물 중 하나를 골라서 그가 지닌 삶의 자세를 평가해 보고, 나는 어떻게 살아가고 싶은지 글로 써 보아요.

참새, 흙덩이, 어미 닭, 민들레 싹, 강아지똥

글로 쓸 수 있는 내용은 다양합니다. 다음 예시만이 아니라 아이들에게 도움이 될 만한 주제라면 무엇이든 좋답니다.

- 주인공의 삶을 평가하고, 자기 생각 이야기하기.
- 간단한 조건에 맞춰 감상문 적어 보기.
- 등장인물에게 편지 쓰기(조언, 격려, 칭찬 등).
- 책 내용을 타인에게 소개하는 글 써 보기(친구에게, 동생에게,

부모님께 등).

- 두 인물의 행동을 비교하여 내 입장에 가까운 인물을 고르고, 그 이유를 쓰기.
- 내가 주인공이었다면 어떻게 했을지 글로 쓰기.

아직 글쓰기에 익숙하지 않은 아이들이라 글을 쓰라고 하면 싫어하는 경우가 종종 있어요. 이때 제가 사용하는 동기 부여 방법이 있습니다. 길게 쓰면 쓸수록 칭찬스티커를 더 붙여 주는 것이에요. 초등 1~3학년은 왼쪽 그림과 같이 원고지에 글을 작성하게 하고, 4학년부터는 오른쪽 그림과 같이 줄글로 쓰게 하는데요. 노란 점이 찍힌 자리까지 글을 쓰면 표시된 개수만큼 칭찬스티커를 부여합니다.

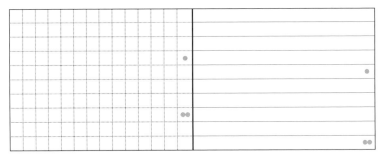

초등 1~3학년(원고지) 📁   초등 4학년 이상(글줄 노트) 📁

동기 부여가 된 아이들은 일단 내용을 많이 쓰려고 노력합니다. 그렇다고 해서 엉뚱한 이야기로 양을 늘리지 않도록 해 주세요. 저

154

는 맞춤법은 지적을 안 하는 편이지만, 써야 하는 내용이 들어가 있는지 꼭 살펴보고 흐름에서 벗어나는 내용은 수정해 오게 합니다.

이렇게 해서 긴 글을 써낸 아이들은 뿌듯함을 느낍니다. 일단은 스티커라는 외적 동기로 움직인 것이라고 하더라도, 선생님의 압박이 아닌 자기의 선택에 따른 행동이었기 때문이죠. 많이 쓰려고 노력하는 사이에 내용을 생성하는 능력도 자라나고요.

제가 아이들의 글쓰기에서 또 하나 신경 쓰는 것은, '질문에서 의도한 내용을 적절하게 작성했는가'예요. 중·고등학생이 되어서도 질문을 제대로 읽지 않아 문제를 틀리는 아이들이 있습니다. 복잡한 조건들이 포함된 고등학교의 서술형 문제에서는 조건 하나를 빠뜨리고 서술하면 점수가 크게 깎입니다. 조건마다 점수가 걸려 있어서 점수를 더 주고 싶어도 줄 수가 없어요. 그런 모습을 지켜본 저이기에 아이들의 글쓰기에 자주 넣어 두는 것이 '조건'입니다.

예　　　**활동 도서: 《장자못과 며느리바위》**
정해왕 글, 한태희 그림, 웅진씽크빅

《장자못과 며느리바위》를 소개하는 글을 써 보아요. 내용을 소개하며 책이 주는 교훈도 적어 봐요. 글을 쓸 때는 다음의 단어 중 5개 이상을 골라서 적어 봐요.

장자못과 며느리바위, 유래담, 장자, 며느리, 중, 시주, 징벌,
안하무인, 금기, 자업자득, 천우신조

다음 예시에서 아이들이 꼭 지켜야 하는 조건이 무엇이라고 생각하나요?

1. 책 내용과 교훈이 적혀 있을 것
2. 제시된 단어 중 5개 이상이 반드시 들어가 있을 것

위 두 가지가 조건입니다. 아무리 책 내용과 교훈이 잘 드러나도 제시 단어 중 3~4개만 사용했다면 감점이 됩니다. 사소한 조건들도 의식하고 지키려는 연습을 지금부터 시켜 주면 중·고등학교 시험에서 마음 아픈 일을 겪지 않으리라는 생각에 이러한 조건을 글쓰기 활동에 반영하고 있습니다.

독후 활동을 할 때 '이.생.글' 3단계를 기본으로 하면서, 그 과정에 독서의 깊이를 더해 주는 전략을 추가한다면 아이들의 독서 능력을 더욱 촉진할 수 있답니다.

지금부터 제가 자주 사용하는 일곱 가지 독후 활동 전략을 소개할 텐데, 가정독서동아리를 할 때마다 모두 쓸 필요는 없습니다. 내용을 살펴보고, 아이들의 수준과 읽는 책에 따라 적절한 전략을 쏙쏙 골라 활용하면 됩니다.

책 내용과 연계한
사자성어와 속담으로 어휘력 확장하기

어휘력 확장의 중요성이 강조되면서 초등학생들이 알면 좋을 만한 사자성어나 속담을 모아 놓은 책이 많이 출간되고 있습니다. 이런 책으로 어휘력을 키우는 것도 좋지만, 더 좋은 방법은 각각의 어휘가 사용되는 맥락을 자연스럽게 익히는 것입니다. 단순 암기보다 맥락을 이해할 때 학습 효과가 훨씬 높기 때문이에요.

수능에도 사자성어와 속담이 계속해서 출제되는데, 주어진 맥락 없이 단순 지식을 확인하는 문제는 나오지 않아요. 글의 맥락을 제대로 이해하고 그 내용과 관련된 사자성어나 속담을 연결할 수 있는지를 확인하는 문제가 나옵니다.

한 권의 책을 깊이 있게 읽은 뒤 그 내용과 관련한 사자성어나 속담을 연결하면 아이들의 어휘력을 확장할 수 있습니다. 나중에 학교 시험이나 수능 시험 문제를 푸는 데도 도움이 되고요. 사자성어나 속담과 연계하기 좋은 책을 읽는 법을 소개합니다.

아이들이 오기 전 미리 준비할 것
① 책 내용과 관련한 사자성어나 속담을 최대한 아이들 수에 맞춰서 미리 찾아 놓습니다(숫자를 맞추기 어려울 때는 할 수 있는 대로 진행

합니다).

② 활동지에 사자성어나 속담을 편집해서 수록해 둡니다.

③ 사자성어나 속담을 카드 모양으로 편집하여 미리 인쇄해서 잘라 놓습니다(시간이 없거나 힘들다면 이 과정은 생략해도 됩니다).

개과천선(改過遷善) 고칠 개, 지날 과, 옮길 천, 착할 선	지난 허물을 고치고 착하게 바뀜.
권선징악(勸善懲惡) 권할 권, 착할 선, 혼날 징, 악할 악	착한 일을 권하고 악한 일을 징벌함.
인과응보(因果應報) 인할 인, 실과 과, 응할 응, 갚을 보	원인과 결과는 상응하여 갚는다는 뜻으로, 행한 대로 결실을 얻는다는 말.
마른 하늘에 날벼락	맑은 하늘에서 느닷없이 벼락이 친다는 말 로, 뜻밖에 당하는 불행한 일을 의미함.

사자성어&속담 표 📂

사자성어 카드 📂

아이들과 함께하는 과정

① 제시된 사자성어나 속담을 다 같이 소리 내어 읽습니다.

② 제가 질문합니다. "'개과천선'이 책의 어떤 내용과 관련되는지 설명할 사람?"

③ 한 명이 손을 들고 답합니다. "욕심이 많았던 나쁜 옹고집이 욕심을 버리고 착하게 살게 되었기 때문에, 잘못을 고치고 착해진다는 내용을 담은 '개과천선'과 관련이 돼요."

④ 설명을 잘한 친구는 사자성어나 속담 카드를 받고, 스티커 한 장을 획득합니다.

⑤ 두 번째 제시된 사자성어나 속담을 다 같이 소리 내어 읽습니다.

⑥ ②~④의 과정을 반복합니다. 이때 이미 카드를 획득한 친구에게는 기회를 주지 않습니다. 최대한 모든 아이가 카드를 한 장씩 획득할 수 있도록 고르게 기회를 줍니다.

이 과정을 통해 아이들은 속담이나 사자성어의 의미를 이야기의 맥락과 연결하여 제대로 이해합니다. 친구가 발표할 때는 그 친구가 카드를 획득할 만큼 제대로 이해하고 있는지를 판단하기 위해 귀 기울여 듣게 되는데, 이 과정에서도 학습이 이뤄지는 효과가 있고요.

이렇게 지식으로 익힌 내용은 반복해서 써 보지 않으면 쉽게 잊어버리기 때문에 4~5차시마다 진행하는 독서 골든벨에서 꼭 확인하고 넘어갑니다. 이 사실을 아는 아이들은 독서 골든벨을 위해 사자성어와 속담 카드를 잘 보관하게 됩니다.

'감정·성격 책받침'을 활용한 섬세한 표현력 기르기

요즘 아이들의 문제점으로 많이 지적되는 것이 어휘력의 빈곤입니다. 좋아도, 싫어도, 실망스러워도, 심지어 맛이 있거나 없을 때도 "대박!"이라는 단어 하나로 해결해 버리죠. 복잡하고 섬세한 감정을 이렇게 표현해도 아무 문제 없는 걸까요? 책을 읽은 뒤 아이들에게 "인물은 어떤 감정을 느꼈을까?" 하고 물으면 대부분 "좋은 감정이요." 아니면 "싫은 감정이요."라고 대답합니다. 인물의 성격을 물으면 "착해요." 아니면 "나빠요."라고 대답하고요. '좋다, 싫다, 착하다, 나쁘다' 총 4개의 단어면 인물들의 마음 상태와 성격을 표현하는 데 충분할까요?

국문학 전공자와 감정 연구자들이 제작한 '한국어 감정 표현 단어 목록'에는 한국인들이 일상생활에서 빈도 높게 사용하는 감정 표현 단어 504개가 담겨 있습니다. 상당히 많은 숫자죠? 지구상의 인간 중 누구도 같은 존재는 없습니다. 다 개별성이 존재하죠. 같은 상황에 놓여도 다르게 반응하며, 성격도 모두 다릅니다. 아이들이 읽는 책 속의 주인공들은 어떤가요? '좋다, 싫다, 착하다, 나쁘다'로만 설명해도 충분할까요?

아이들이 읽는 이야기 속의 인물들은 정말 다채롭습니다. 각자의 매력을 뽐내며, 그 매력 덕분에 아이들은 책에 빠져듭니다. 그런데 아이들의 어휘력이 빈곤하면 아이들이 쓴 글에서 주인공은 매력 없는 인물이 되고 맙니다. 몇 개 안 되는 어휘로만 주인공의 감정이나 성격을 표현하기 때문이죠. 아이들이 적절한 단어를 찾지는 못해도 '느낌적인 느낌'으로 알고는 있을 테니 괜찮은 것 아니냐고요? 그렇지 않습니다. 미묘한 차이를 정확하게 포착하는 단어를 많이 알수록 사고의 폭이 넓어집니다. 아는 만큼 생각할 수 있게 되고, 아는 만큼 책을 깊이 이해하게 되죠.

인간이 사용하는 언어가 사고에 어떤 영향을 주는지 알아보는 실험이 있었습니다. 색이 다른 120장의 색종이 중 하나를 골라 실험 대상에게 보여 준 뒤, 120장 중에서 그 색종이를 골라내게 하는 실험이었죠. 어떤 사람이 색종이를 잘 골라낼 수 있었을까요? 색깔 이름을 많이 아는 사람일수록 더 잘 골라냈다는 실험 결과가 나왔어요. 예를 들면 같은 붉은 계열이라도 빨강, 주황, 분홍, 자홍 등의 이름을 제대로 알고 있는 사람이 각각의 색을 더 밍확히 구별해 낸 것이죠. 색깔 이름을 조금 알고 있는 사람은 색깔을 구분하는 능력이 상대적으로 떨어졌습니다. 알고 있는 어휘가 많으면 아이들이 세상을 더 섬세히 인식하게 됨을 시사하는 실험이었습니다. 아이가 다양한 어휘를 사용할 수 있다면, 복잡한 세상의 면면을 더 세밀하게 인식하고 표현할 수 있게 된다는 걸 알 수 있어요.

아이가 다양한 감정 어휘, 성격 어휘를 알고 있으면 자신을 둘러싼 세상을 더 명확히 인식하는 데 도움이 됩니다. 단순히 글에 등장하는 인물의 성격과 감정을 알아차려서 시험 문제를 맞히는 것이 전부가 아닙니다. 아이가 세상을 살아가면서 자신이 느끼는 감정을 명확한 언어로 포착할 줄 알면 자아상을 정립하는 데에도 도움을 줍니다. 뿐만 아니라 타인의 감정을 이해하고 특정 상황에서 적절한 반응을 보일 수 있어 원활한 사회 관계를 맺을 수 있죠.

이 능력을 길러 주기 위해 제가 사용한 방법은 '감정·성격 책받침'을 이용해서 글을 쓰게 하는 것입니다. 감정·성격 책받침에는 다양한 감정과 인물의 성격을 드러내는 단어와 뜻을 국어사전에서 찾아 적어 두었습니다. 그리고 아이들이 글을 쓸 때마다 참고하라고 줍니다. 아이들이 '좋다, 싫다, 착하다, 나쁘다'라고만 표현했지만 이와 비슷하면서 더 섬세한 단어들을 알려 주고, 그중 가장 적절한 단어를 선택하는 연습을 하게 하려고요.

다음 표는 감정·성격 책받침에 있는 단어를 일부 모아 놓은 것입니다. 이 표의 오른쪽 단어들을 하나하나 적고, 뜻풀이를 해 둔 감정·성격 책받침을 참고하면 아이들은 조금 더 섬세하게 단어를 고를 수 있게 됩니다. 자신의 감정을 조금 더 구체화하는 언어를 찾아서 적절하게 표현할 수 있게 되죠. 미묘한 차이를 포착하여 생각하고 글을 쓸 수 있게 되는 겁니다.

좋다	행복하다, 기쁘다, 설레다, 뿌듯하다, 상쾌하다, 고맙다, 기대되다, 신나다, 자신감이 생기다, 흥미롭다, 신비롭다, 감동적이다……
싫다	속상하다, 화나다, 짜증 나다, 언짢다, 자존심 상하다, 밉다, 질투 나다, 미안하다, 죄책감을 느끼다, 슬프다, 지루하다, 우울하다……
착하다	이타적이다, 친절하다, 상냥하다, 배려심이 있다, 다정하다, 따뜻하다, 긍정적이다, 사려 깊다……
나쁘다	이기적이다, 충동적이다, 탐욕적이다, 편협하다, 옹졸하다, 배타적이다, 부정적이다, 난폭하다……

감정 단어 표 📂

정확한 어휘를 적절하게 사용하는 능력이 길러진 아이들은 풍성한 단어를 사용함으로써 책 속 인물도 더 깊이 이해하게 됩니다. 정확하게 표현하는 만큼 아이들의 머릿속에 인물의 감정이나 성격이 더 정확한 언어로 자리 잡게 되고요.

이왕 만든 것, 가정에서 혼자 일기나 감상문을 쓸 때도 사용하라고 하나씩 더 나누어 주면 더 좋습니다. 가정독서동아리 시간보다 더 많은 시간을 보내는 각자의 가정에서도 꾸준히 연습하고 온 아이들이 서로의 성장에 긍정적 영향을 줄 것이 분명하니까요.

전략 3

교과 연계 활동을 통해
학업 능력 키우기

아이들이 학교에서 배우는 교과 내용을 독후 활동과 연결하면 학업 능력 신장에 도움을 줄 수 있습니다. 활동지를 제작할 때마다 교과 내용을 적용할 필요는 없어요. 자칫 가정독서동아리 활동이 학교 수업처럼 느껴져 지루해질 수 있고, 수업 준비를 할 때도 번거로우니까요. 학기 초나 방학 등 마음에 여유가 생기는 날 아이들의 교과서를 한번 쭉 훑어보며 유난히 어려운 내용이나 이해가 필요한 개념, 학교에서뿐만 아니라 가정에서도 연습하면 좋을 부분 등이 있다면 메모를 해 둡니다. 이 메모를 잘 보이는 데 붙여두고 독서 활동을 준비할 때마다 살펴봅니다.

초등 3학년이 되면 교과 학습량이 많아지기 때문에 이 시기부터는 엄마의 에너지가 허락하는 선에서 교과 내용을 조금씩 넣어 주면 좋아요. 예를 들어 3학년 때 배우는 '사전 찾기'는 반복적으로 연습해서 익히는 게 좋으므로 2학년 말 무렵부터 시동을 겁니다. 책상 위에 사전을 올려놓고 책을 읽다가 모르는 어휘를 게임처럼 경쟁적으로 찾아보게 하는 활동을 자주 해요. '감각적 표현'을 배울 때는 책에서 시각·청각·촉각·후각·미각적 표현을 찾은 뒤 이를 참고해서 짧은 글 쓰기 활동을 자주 하죠. 의성어나 의태어를 배울 때는 해당 표현을 책에서 최대한 많이 찾아보며 그 표현의 효과를 이야기하기도 합니다. 사회 시간에 우리 고장의 옛이야기를 배울 무렵, 비슷한 내용을 담은 《장자못과 며느리바위》를 선정했는데, 교과서 내용과 연계되니 아이들도 흥미롭게 읽더라고요.

억지스럽게 연결하면 효과가 떨어지므로 교과 연계만을 목적으로 하는 것은 좋지 않을 수 있지만, 충분히 연계할 만한 책이 있다면 시도해 보기 바랍니다. 학교에서 이미 접했던 부분을 가정독서동아리에서 다시 접하면 아이들은 더 선명히 기억할 거예요. 다만 학교에서 다루는 내용이니 확실히 익히게 하겠다는 비장함이 너무 강하면 지식 수업처럼 딱딱해질 수 있습니다. 가랑비에 옷 젖듯 여러 차례 반복하며 자연스럽게 익히게 하겠다는 마음으로 접근하길 바랍니다. 그러다 보면 그냥 책을 읽고 활동했을 뿐인데 교과 내용까지 익혀 버리는 아이들의 모습을 볼 수 있을 거예요.

전략 4

초등 신문 읽기로
문해력 심화하기

아이들이 읽는 책 속 이야기는 아이들이 현재 살아가고 있는 세상의 이야기와 긴밀하게 연결되어 있습니다. 책과 신문 기사를 연계해서 읽힌다면, 책 내용이 종이 속 세상에만 머물러 있는 것이 아니라 자신이 살고 있는 세상과 긴밀하게 연결되어 있음을 아이들도 자연스레 느낄 수 있으리라고 생각했어요. 그래서 신문 읽기를 함께하기 시작했습니다.

처음에는 제가 읽던 어른용 신문을 요약해서 제공했는데 아이들이 어려워하더라고요. 직접 정리하면서 시간을 많이 들였지만 아이들 수준에 맞지 않았던 거죠. 여기서 깨달았습니다. 엄마가 다 할 필요 없다! 이미 잘 만들어진 게 있다면 그것을 활용하자!

그래서 《어린이동아》, 《어린이조선일보》, 《어린이경제신문》 등 아이들 수준에 잘 맞게 작성된 기사들을 인쇄해서 읽기 자료로 제공했습니다. 그러다가 더 좋은 것을 발견했어요. 어린이들이 읽기 좋게 워크북의 형태로 만들어진 책들이 있더라고요.

초등 신문 읽기에 관심이 커지면서 다양한 분야의 신문 기사를 아이들 수준에 맞추어 편집한 책이 많이 출간됐습니다. 주제별·수준별로 기사를 정리해 두어서 그때그때 필요한 내용을 딱딱 찾아내기 좋고, 신문을 읽을 때 알아 두면 좋을 어휘나 이해 여부를 점검하는 퀴즈까지 제공되어 있어서 엄마가 따로 품을 들일 필요가 없더라고요. 시간을 아낄 수 있는 데다 쉽게 신문을 읽힐 수 있어서 지금은 이런 책들을 가정독서동아리에 효과적으로 이용하고 있습니다. 아이들 부모님이 책을 구매해서 보내 주면 책장에 꽂아 두었다가 활동할 때마다 꺼내 사용하고 있어요.

현재는 신문 읽기 책 두 권을 준비해서 읽히는 중인데, 두 권은 있어야 읽은 책과 관련된 기사를 찾을 가능성이 더 크기 때문이에요. 필요한 내용이 특정 책에 없을 때 다른 책을 찾아봅니다. 두 책에 모두 있을 때는 두 기사를 비교하며 읽을 수 있어서 한 분야를 깊고 풍성하게 다룰 수 있어요.

활동 도서: 《오늘부터 초등 지식왕》
최선민 글, 클랩북스

☑ 책의 내용과 연계되는 부분이 있을 때 사용해요

가정독서동아리 책을 선정해 독서 활동지를 만들고 나면 제가 습관적으로 하는 일이 바로 신문 읽기 책의 목차를 훑어보는 것입니다. 아이들이 읽은 책과 신문 기사의 연결고리를 찾기 위해서죠. 무조건 1등만 하려고 하는 폼폼이의 이야기를 다룬 《내가 일등이야》(김들숲·김선주·박은미 글, 금나현 그림, 아이큐비타민)라는 책과 연결할 수 있는 신문 기사가 있을까 생각하며 제가 가지고 있는 어린이 신문 책 《오늘부터 초등 지식왕》의 목차를 살펴보니 '라켓 부숴 던지고 악수마저 거부한 테니스 선수'라는 기사가 있더라고요. 아시안 게임이 있던 해라 경기에서 이기지 못한 선수의 무례한 행동을 아이들이 뉴스를 통해서 보았는데, 기사로도 접하면서 책 속 주인공 폼 폼이와 연결하여 흥미롭게 읽고 생각을 나눌 수 있었습니다.

☑ 활동 후 시간이 모호하게 남을 때 사용해요
책 내용과 연계되는 신문 기사를 골라 활동할 때는 목차 순서대로 진행하지 않으므로 중간중간 빼놓고 넘어가는 기사들이 생깁니다. 이것들은 가정독서동아리 활동 후 모호하게 남는 시간에 함께 읽습니다. 기사 자체가 길지 않고 아이들 수준에 맞게 잘 정리되어 있어서 보통 10~15분 정도면 하나의 기사를 읽고 간단히 생각도 나눌 수 있어요.

이 활동은 아이들이 초등 2학년일 때부터 시작했습니다. 책에 수록된 기사의 길이가 대체로 짧고 아이들의 흥미를 끌 만한 내용이 많아 별다른 어려움 없이 재미있게 진행 중입니다. 수능 국어에서 비문학 읽기가 점점 어려워지고 있는데, 비문학 읽기에 도움이 될 뿐 아니라 다양한 영역의 글을 읽는 연습도 할 수 있어 좋습니다.

전략 5

직접 쓴 글을 발표하며
스스로 문제점 파악하기

글쓰기와 말하기는 자기 생각을 표현하는 방법이라는 점에서 같습니다. 글쓰기는 종이에 적힌 글씨가 반듯하지 않으면 내용이 잘못 전달될 수 있으며, 맞춤법이 자주 틀리면 내용의 신뢰도가 떨어집니다. 말하기도 마찬가지입니다. 전달하려는 내용이 아무리 좋더라도 발표하는 사람이 버벅거리고 중언부언하거나 문법적으로 맞지 않게 말한다면 청중에게 내용이 효과적으로 전달될 수 없죠. 그런데 이런 문제점을 바로잡기 위해 결점을 하나하나 지적한다면 아이들이 기꺼이 받아들일 수 있을까요? 거부감을 느끼면서 글쓰기나 발표 자체를 싫어하게 될 거예요.

아이 스스로 자신의 문제점을 느끼게 하는 효과적인 방법이 있습니다. 바로 글쓰기 활동 후 발표하게 하는 것입니다.

글을 쓴 뒤 발표할 때 저절로 얻어지는 효과

☑ **글씨를 반듯하게 쓰려고 노력하게 됩니다**
발표 활동을 하는 것이 글씨를 반듯하게 쓰려는 태도와 어떻게 관련 있는지 궁금하죠? 글쓰기를 한 뒤 발표하면서 자기 글을 읽다 보면 아이들은 예상치 못한 문제를 만나기도 합니다. 자기가 쓴 글자를 알아볼 수가 없어서 발표 중 해독까지 해야 하는 상황에 빠지는 거죠. 알아볼 수 없는 글자들이 계속 발견되면 말도 버벅거리게 되고요. 스스로 답답해하는 아이를 보며 저는 "글씨를 조금 더 반듯하게 썼다면 발표를 더 잘했을 거야. 내용은 정말 좋았는데, 아쉽다."라고 이야기해 줍니다. 저보다 더 아쉬움을 느꼈을 아이는 이전보다 글씨를 더 반듯하게 쓰려고 노력하게 됩니다.

☑ 자기가 쓴 글의 문제점을 발견하게 됩니다

작가들은 글을 쓸 때 독자들이 읽기에 자연스러운 문장이 되도록 다듬기 위해, 자기가 쓴 글을 소리 내서 읽어 본다고 합니다. 그냥 눈으로 읽을 때는 자연스러워 보이는 문장도 입으로 읽다 보면 지나치게 길어 한 번에 이해되지 않거나 문법적으로 자연스럽지 않은 부분이 발견되거든요. 이와 같은 효과를 아이들에게서도 볼 수 있습니다. 쓴 글을 발표하는 과정은 소리 내어 읽어 보는 과정이므로 문장이 자연스럽게 읽히지 않는 경험을 통해 자기 글의 문제점을 알게 되죠. 아이가 읽다가 자꾸 멈칫하면 그 원인을 파악하기 쉽도록 다음과 같은 말을 살짝 얹어 주기만 하면 됩니다.

"문장이 너무 길어져서 읽기도 힘들고 이해하기도 어려워졌네. 다음부터는 두세 문장 정도로 끊어 주면 한결 좋아질 거야."

스스로 알아내고 느꼈을 때 더 확실히 고쳐 나갈 수 있습니다. 하나하나 지적하고 고치라고 하면 방어적인 태도를 불러일으키는 잔소리가 되지만, 스스로 깨닫게 하면 문제를 자발적으로 고치게 할 수 있습니다. 물론 아이들이 자기 문제를 느꼈다고 해서 다음 발표 때 바로 개선되는 것은 아닙니다. 아주 천천히 개선됩니다. 그러니 조급해하지 않으면서 격려의 말을 해 주고 따뜻하게 지켜보면 됩니다.

발표 동영상을 직접 보며 말하기 능력 키우기

'전략 5'를 활용하면 발표를 통해 글쓰기를 개선할 수 있는데, 글쓰기가 아닌 발표 자체에서 문제를 보인다면 어떻게 도와줄 수 있을까요? 자기 생각을 논리 정연하게 잘 쓰는 학생인데, 쓴 내용을 발표하는 시간에는 한없이 움츠러들고 마는 모습을 고등학교 교실에서도 볼 수 있습니다. 무슨 말을 하는지 알아들을 수 없을 정도로 소곤거리다가 자리에 앉아 버리기도 해요. 글을 잘 쓰는 것과 말을 잘하는 것은 별개이며, 말하기 능력은 저절로 좋아지는 것이 아니라 연습이 필요하다는 것을 보여 주는 장면이죠.

가정독서동아리에서도 이런 장면이 펼쳐졌습니다. 글은 잘 썼는데 발표하라고 하면 갑자기 종이에 얼굴을 파묻고 모기 같은 목소리로 버벅거리는 아이가 있었거든요. 그저 "목소리를 또박또박, 크게 해야지.", "잘할 수 있어, 자신감을 가져."라고 해서는 극적인 개선 효과를 가져오지 못할뿐더러 오히려 아이를 위축시킨다는 것은 경험을 통해 이미 알고 있었습니다. 방법을 고민하던 저는 아이들이 발표하는 모습을 동영상으로 촬영해 보기로 했습니다.

부끄러움이 많은 아이가 동영상 촬영에 긍정적일까요? 당연히 그렇지 않았습니다. 그래서 미리 설득하는 과정이 필요했어요. 특정 아이를 정해서 이야기하지 않았고, 모든 아이에게 동영상 촬영의 목적과 효과를 이야기하며 설득했습니다.

"앞으로 너희가 초등 고학년을 거쳐 중학생이 되고 고등학생이 되는 과정에서 발표할 일이 점점 많아질 것이고, 발표의 중요성도 점점 커질 거야. 그런데 발표하는 능력이 부족하다면 자신이 해낸 것에 비해 평가를 제대로 받지 못하는 속상한 일이 벌어질 수 있어. 이런 일을 당하지 않으려면 자신이 발표하는 모습을 보면서 개선해 나가야 한다고 생각해. 동영상은 각자 집에서 혼자 볼 수 있도록 엄마들께 보내드릴 거야."

물론 이렇게 말한다고 해서 아이들이 다들 흔쾌히 응하는 건 아니지만, 서두르지 않고 점진적으로 진행하면 됩니다. 우선은 발표 동영상 촬영을 허락해 준 아이들만 촬영하기 시작했습니다. 다른 아이들은 발표만 했고요. 그러자 처음에는 아예 촬영을 안 하겠다던 아이들도 얼굴이 나오지 않고 목소리만 나오게 촬영하는 건 허락하더라고요. 그 단계를 거쳐 지금은 모두 얼굴까지 나오게 촬영한 자신의 발표 동영상을 보고 있습니다. 매번 영상을 촬영하는 친구들의 모습을 보고 용기를 얻은 거죠.

발표 동영상을 보면, 평소에 발표하면서 의식하지 못했던 자신의 말하기 습관을 알 수 있습니다. 시선 처리나 표정이 어땠는지를 볼 수 있으며, 발음이 뭉개지는지, 목소리의 크기는 적절한지도 알 수 있죠. 장난스럽게 발표했던 아이는 그 모습이 마냥 좋아 보이지는 않는다는 것을 느낍니다. 물론 자기 문제점을 한 번에 파악하는 것은 아닙니다. 영상을 한 번 보고 모든 문제점을 알아낸다면 말하기의 전문가겠죠. 이 역시 반복적인 과정에서 아이들이 천천히 느끼게 하면 됩니다. 저는 그저 영상을 촬영하여 공유하는 역할만 하고, 변화는 아이들이 만듭니다. 영상을 보낼 때 엄마들께 꼭 이렇게 당부합니다.

"지적하고 싶은 게 눈에 많이 보일 거예요. 그래도 아이들이 직접 느낄 수 있도록 그냥 보여 주기만 해 주세요."

그렇습니다. 아이들이 더 기가 막히게 알아요. 영상을 보낼 때는 다른 아이들의 영상도 다 같이 보내기 때문에 아이들은 자기 발표 영상뿐 아니라 친구들의 영상도 보게 됩니다. 엄마가 굳이 문제점을 지적하지 않아도, 아이 스스로 자신의 발표에서 보이는 특징들을 잘 파악합니다. 자신과 친구들의 목소리, 표정, 시선 처리, 발음 등을 비교하면서 말이죠. 그리고 개선할 점, 친구로부터 배울 점들을 생각하게 됩니다.

한꺼번에 빠르게 교정하는 게 목적이 아닙니다. 만약 잔소리를 한다면 일시적으로 고쳐질 수는 있겠지만, 스스로 깨닫고 고쳐 나가는 것에 비해 효과가 떨어질 거예요. 때문에 길게 보고 갑니다. 저 역시 제 아이들에게 동영상을 잘 봤는지, 그걸 통해 개선하려 노력하고 있는지 묻지 않습니다.

처음엔 고개도 들지 못하고 버벅거리던 아이가 지금은 고개를 들고 발표하고, 목소리도 제법 커졌습니다. 발음이 부정확했던 아이는 조금 더 또랑또랑한 목소리로 발표하게 되었습니다. 이것이 동영상 촬영의 영향인지는 정확히 알 수 없지만, 분명한 건 아이들 발표에 긍정적인 변화가 생기고 있다는 것이었습니다.

전략 7
친구의 발표에 귀 기울이며
듣기 능력 키우기

발표 활동을 통해 키울 수 있는 것은 말하기 능력만이 아닙니다. 듣기 능력도 키울 수 있어요. 가정독서동아리의 친구들이 발표할 때는 온전히 그 친구의 발표를 들어야 하기 때문이죠. 의사소통을 통한 협업이 중요해진 시대에 다른 사람의 의견을 제대로 듣는 것은 자기 생각을 표현하는 것 못지않게 중요합니다. 그래서 늘 발표를 시작하기 전 아이들에게 말합니다. "친구가 발표할 때 다른 사람들은 무얼 해야 하지?"라고요. 그러면 아이들은 익숙하게 답을 합니다. "경청이요!"

'경청'이란 귀를 기울여 듣는다는 뜻입니다. 그저 조용히 있는 것이 좋은 듣기가 아니라 귀를 기울여 제대로 듣는 것이 좋은 듣기임을 강조합니다. 그래서 아이들에게 제가 제시한 글쓰기의 조건을 친구가 잘 지켜서 썼는지 꼭 확인하며 들으라고 이야기해요. 그래야 중요한 정보를 제대로 이해하고 머릿속에 정리하며 듣는 능력이 길러지거든요.

잘 듣는 것도 연습이 필요한 일입니다. 고등학교 교사로서 수업을 하다 보면 분명히 열심히 듣고 필기하는데도 엉뚱한 지점에 꽂혀서 잘못 이해하거나 중요한 정보를 놓치는 학생들을 종종 보게 됩니다. 이러면 학습 효율이나 만족도가 떨어지기 때문에 자신감을 가지고 학습에 임하기 어렵습니다. 시간이 지날수록 학습 의욕이 떨어지고 말죠.

새로운 발표자가 발표할 때마다 '경청'의 태도를 강조하고, 발표자가 글쓰기 조건에 맞춰서 제대로 썼는지 잘 들어 보라고 하는 것도 제대로 듣는 연습을 시키고 싶어서입니다. 그러면 듣는 아이들은 발표 내용에 온 신경을 집중하고, 발표하는 아이 역시 이런 분위기 속에서 조건에 맞추어 내용을 전달해야 한다는 생각에 살짝 긴장하게 됩니다. 이렇게 경청은 화자와 청자 모두에게 적절한 긴장감을 주어 정보를 정확히 주고받는 연습을 시켜 줍니다.

이때 청자가 조금 더 확실하게 들을 수 있도록 다음과 같은 항목이 담긴 발표 점검표를 나눠 주면 좋습니다.

	윤진	지우	도윤	현진	은우
목소리 크기가 적절한가?	○	△	○	○	△
발음이 정확한가?	○	○	△	○	○
글쓰기 조건이 모두 반영되었는가?	△	○	○	△	○

발표 점검표

위 표만 있어도 아이들이 발표할 때 무엇에 집중해야 하는지를 더 의식하게 되고, 친구의 발표를 더욱 집중해서 듣게 됩니다. 다만 친구에게 ×를 받으면 기분이 나쁠 수 있으므로, 체크를 할 때는 ○, △ 표시만 하게 합니다.

책 읽기가 즐거워지는 마무리: 분기별 특별 활동

5단계는 4~5주에 한 번, 또는 한 학기에 한 번 정도 진행하는 활동들입니다. 아이들의 수준과 엄마가 공들여야 하는 수준을 고려해서 초급, 중급, 심화 단계로 나누어 설명하겠습니다.

초급 1

독서신문:
책 내용을 머리에 각인해요

한 학기가 끝날 때마다 아이들과 책씻이(글방 따위에서 학생이 책

한 권을 떼거나 베끼는 일이 끝나면 훈장과 동료에게 한턱내던 일) 활동으로 독서신문 만들기를 합니다. 보통 방학이 시작된 직후 한창 들떠 있을 때 하는 활동인데, 한 학기 동안 읽은 책들을 한 번 쭈욱 훑어볼 수 있다는 데 의미가 있어요. 또한 함께 읽은 많은 책 중 더 기억에 남는 책을 자기 나름의 기준에 따라 골라서 정리해 구체적인 결과물을 만든다는 점에도 의미가 있죠. 저학년도 두런두런 이야기하며 즐겁게 활동할 수 있고, 완성도에 너무 초점을 두지 않는다면 서로 스트레스 없이 쉬어 가는 느낌으로 진행할 수 있어서 좋답니다.

어떻게 진행하는지 소개하겠습니다.

❶ 독서신문을 만들 재료를 준비합니다

- **필수: 4절 색지**(신문지로 사용), **다양한 색상의 펜**(신문에 내용을 적을 매직, 사인펜 등)
- **선택: 한 학기 동안 읽은 책의 표지 그림, 독서신문 틀, 독서신문 샘플**

❷ 아이들에게 독서신문 만들기를 자세히 안내합니다

- **독서신문에 담아낼 책을 다섯 권 이상 선정하기**: 그동안 읽은 책들을 한 번 정리하는 것이기 때문에 최소 다섯 권 이상을 독서신문에 담아내게 합니다. 이 과정에서 아이마다 다른 성

한 학기 동안 읽은 책 아이들이 신문을 만들 때 활용할 수 있게 작게 인쇄해서 잘라 둡니다.	**독서신문 틀** 스스로 내용을 구성하기 어려워하는 아이들을 위해 그대로 작성해서 붙이면 되는 양식을 미리 만들어 둡니다.	**독서신문 샘플** 아이들이 참고할 수 있도록 준비합니다. 엄마가 만들기 힘들면 인터넷에 소개된 이미지를 사용해도 됩니다.

독서 신문 자료 📂

향이 드러나며, 서로 자유롭게 이야기를 나누는 과정에서 책 내용을 다시 떠올릴 수 있어요.

- **선정한 책을 어떤 방식으로 표현할지 생각하기**: 독자 참여 코너, 주인공과의 가상 인터뷰, 내 최고의 책 3, 주인공에게 편지 쓰기, 책 추천하기, 두 작품을 비교하여 설명하기, 최고의

책 설명하기, 마음에 드는 구절 소개하기, 독서 퀴즈 등 다양한 방식을 아이들에게 안내합니다. 독서신문 샘플과 틀을 보여 주며 설명하면 더 쉽게 이해합니다. 일정한 틀에 맞춘 내용을 2~3개 정도는 작성하게 하고 싶다면, '독서신문 틀을 2개 이상 사용해서 신문 만들기'와 같은 조건을 덧붙입니다. 그러면 읽은 책의 내용을 효과적으로 정리할 수 있어요.

❸ 편안하고 즐거운 분위기에서 독서신문을 만듭니다

아이들은 자기가 어떤 방식으로 신문을 만들지에 대한 이야기나 책 내용을 자유롭게 이야기하며 즐겁게 독서신문을 만듭니다. 그 과정에서 자신이 선정했던 책 목록 중 일부나, 미리 생각해 두었던 표현 방식을 변경하기도 하죠. 신문을 만드는 도중에 바꾸기도 합니다. 자신이 선정한 책과 그 책을 표현하려던 방식이 서로 어울리지 않는다는 것을 작업 중 깨닫는 것이죠. 이런 시행착오를 거듭하면서, 그 책의 특징을 가장 잘 드러내는 방법이 다를 수 있음을 알게 됩니다.

예를 들면, 책은 재미있었지만 주인공의 개성이 명확하지 않은 책을 '주인공 인터뷰' 방식으로 정리하는 것은 적절한 방법이 아님을 경험으로 알게 되는 것입니다.

그런데 만약 제가 '이런 책을 읽었다면 이렇게 표현하기'라고 알려 주었다면 어땠을까요? 전달되는 내용이 '지식'이 되어 아이들은 재미를 잃었을 거예요. 책마다 다루는 내용이나 특징은 워낙 다양하여 일정한 규칙으로 묶을 수 없기에 지식으로 전달한다는 것이 애초에 불가능하기도 하고요. 아이들이 직접 고민하고 선택하고 적용하는 과정, 시행착오를 통해 개선하는 과정을 반복적으로 연습했을 때 진짜 체득이 일어납니다. 그것도 배운다는 자각 없이 즐겁게 말이죠.

이런 과정을 충분히 거칠 수 있도록 독서신문 만들기 활동은 대체로 시간 여유가 있는 방학 때 진행합니다. 책 내용을 표현할 수 있는 시간을 충분히 주는 것이죠. 이때 저의 역할은 아이들 대화에 추임새를 넣어 주거나, 책 내용을 잘 떠올리지 못하는 아이에게 책을 배달해 주는 것입니다. 책에 어울리는 적절한 표현 방법을 찾지 못하는 아이와는 미리 만들어 둔 독서신문 틀을 함께 들여다보며 고민해 주고, 아이가 최선책을 찾을 수 있도록 선택지를 제시해 줍니다. 이렇게 아이마다 한 장의 독서신문을 완성하게 됩니다.

❹ 완성된 독서신문을 칠판에 붙이고 발표합니다

아이들이 만든 독서신문을 그냥 펼쳐 놓고 서로 간단히 이야기를 나눈 뒤 끝내도 되지만, 가능하면 칠판에 붙여 놓고 정식으로 발표하게 합니다. 간단한 활동을 하더라도 아이들이 자기 생각을 정리하고 결과물을 냈다면, 그것을 타인에게 발표하는 기회를 주는 것이 좋습니다. 모르던 정보를 공부해서 정리한 뒤 발표하는 것보다 자기 스스로 활동의 전 과정을 계획하고 그 계획에 따라 활동한 결과물을 발표하는 게 더 쉬울 거예요. 전체 과정을 훤히 알고 있으니까요. 상대적으로 수월하게 발표할 수 있을 때 충분히 연습을 해 두면 조금 더 어려운 내용의 발표도 잘 해낼 수 있게 됩니다.

이뿐만 아니라 서로의 결과물을 비교하면서 어떻게 표현하고 정리하는 게 더 효과적인지도 파악하게 되지요. 같은 책을 읽고도 다르게 표현할 수 있다는 것을 알게 되고, 자기는 무심코 지나쳤던 책을 친구는 인상 깊게 읽었다는 것을 알면 새로운 관점으로 책을 다시 접할 기회를 얻게 됩니다. 같은 책을 최고의 책으로 꼽은 경우엔 동질감을 바탕으로 책에 대해 다시 이야기를 나누는 시간을 갖게 되기도 하고요. 한 학기 동안 읽은 많은 책을 한 번에 훑어봄으로써 책에서 느꼈던 감상이나 앎이 더 깊어지는 기회를 만들어 줄 수 있습니다.

초급 2

독서 퀴즈 대회:
읽은 책도 꼼꼼히 다시 봐요

아이들과 네다섯 권의 책을 읽고 꼭 하는 것이 독서 퀴즈 대회입니다. 그동안 읽은 책을 다시 한번 훑어보게 함으로써 책 내용을 기억에 더 오래 남기는 효과가 있고, 중요한 내용을 아이들이 잘 기억하고 있는지 점검할 수 있어 좋습니다. 독서 퀴즈 대회의 1라운드는 개인전인 독서 골든벨로, 2라운드는 단체전인 독서 스피드 퀴즈로 진행합니다.

❶ 1라운드: 개인전 '독서 골든벨'

독서 골든벨은 문제를 노트북 화면에 띄워서 보여 주고 소리 내어 읽어 준 뒤 개인용 미니 칠판에 답을 적게 하는 방식으로 진행됩니다. 노트북을 준비하는 게 어렵다면, 종이에 문제를 큰 글씨로 써서 보여 주거나 그냥 소리 내어 읽어 주어도 됩니다. 개인용 미니 칠판 대신 종이에 답을 쓰게 해도 되고요.

형식보다 중요한 것은 그동안 읽은 책의 내용을 게임 방식으로 재미있게 점검하는 것이니, 가정독서동아리를 운영하면서 꼭 해 보길 권합니다. 개인전을 진행할 때는 아이들 사이에 가림판도 설치하는데요. 아이들을 믿고 안 믿고의 문제를 떠나서, 서로의 답을 보지 않으려고 해도 보이는 거리에 앉아 있다 보니 불필요한 견제나 오해가 생길 수 있다고 생각해서입니다.

책 한 권당 4~5개를 뽑아 총 20~25문항 정도를 내며, 가장 많이 맞힌 1등 친구가 가장 많은 스티커를 보상으로 받습니다. 어쩔 수 없이 꼴찌가 나오게 되는데, 그 친구가 너무 속상해지지 않도록 마지막 두 명은 같은 수의 스티커를 줍니다. 문제를 틀리도록 유도하는 것이 아니라 책 내용을 한 번 더 훑어보고 이해하지 못한 부분을 점검하는 것이 목적이므로, 문제를 너무 어렵게 내지 않아요. 꼴찌를 하는 친구도 보통은 1등과 점수 차가 크지 않도록 문제를 냅니다.

한 책당 뽑아 내는 4~5개의 문제는 객관식과 단답식을 고르게 섞어서 다음과 같은 난이도로 만듭니다.

- **책을 가볍게 읽기만 했어도 맞힐 수 있는 수준(2~3개)**: 책 제목이나 주인공 이름 맞히기 같은 문제나 단순한 내용 확인 문제를 냅니다.
- **독서 활동지를 살펴봤다면 맞힐 수 있는 보통 수준(1~2개)**: 조금 어려울 수 있지만 독서 활동지를 통해 이미 다루었기 때문에 미리 보고 왔다면 맞힐 수 있는 수준의 문제를 냅니다. 사자성어나 속담, 개념 어휘 등과 관련한 것들이 좋은 예입니다.
- **조금 더 깊이 생각해야 하는 어려운 수준(1~2개)**: 독서 활동을 진행하면서 아이들이 잘 이해하지 못하거나 어려워하는 부분들을 표시해 두었다가 문제로 구성하면 좋습니다.

이런 방식으로 문제를 내면 아이들이 책 내용을 잘 이해하고 있는지, 놓치고 있는 부분이 무엇인지 확인할 수 있습니다. 확인에서만 그치지 않고, 한 문제의 답을 확인할 때마다 다시 한번 설명을 덧붙여 준다면 아이들이 책 내용을 더 오래도록, 확실하게 기억할 수 있을 거예요.

독서 골든벨 문제 - 개인전 📂

❷ 2라운드: 단체전 '독서 스피드퀴즈'

1라운드와 같이 한 책당 4~5문제, 총 20~25문항으로 구성합니다. 이번에는 설명하는 사람만 화면을 볼 수 있으며, 5분이라는 제한 시간이 있으므로 화면에 있는 답을 친구들이 빠르게 맞힐 수 있게 설명해야 합니다. 그리고 스티커만 보상으로 제공한 개인전과 달리 단체전에서는 스티커는 물론 간식까지 준다는 점도 다릅니다. 게다가 여러 명의 친구 중 한 명만 답을 맞혀도 점수를 얻을 수 있습니다. 개인전에서는 서로 견제하던 아이들이 친구가 정답을 맞힐 때 엄지를 치켜세우며 환호까지 해 주는 놀라운 변화를 보이게 되죠.

그래서 저는 항상 개인전을 치른 뒤에 단체전을 치릅니다. 독서골든벨에서 순위가 낮아 속상했더라도 단체전에서 함께 문제를 해결함으로써 활동을 즐겁게 마무리할 수 있거든요.

친구들과 힘을 합치니 좋은 결과를 얻게 된다는 경험을 가정독서동아리 내에서 많이 하게 해 주세요. 그래야 앞으로 살아갈 교실이나 사회에서 주변 사람들과 기꺼이 협력하고 양보하며, 다소 부족한 친구가 있어도 이해하며 나아갈 수 있거든요. '함께' 힘을 합쳐 답을 맞혀 나갔더니 달콤한 보상이 주어진다는 긍정적 기억을 남길 수 있는 것이 독서 스피드퀴즈의 장점입니다. 이 장점을 아이들이 더 크게 느끼게 하려고 평소엔 주지 않았던 킨더조이 같은 간식이나 프링글스 한 통 또는 사탕과 젤리를 골고루 가득 채운 간식 파우치 등을 줍니다.

스피드퀴즈의 특성상 제한 시간 안에 미션을 함께 해결해야 한다는 적당한 긴장감도 아이들을 뭉치게 해 줍니다. '흔들다리 효과 (suspension bridge effect)'라는 말을 들어 본 적이 있을 거예요. 긴장

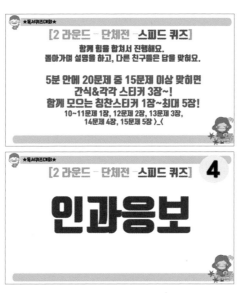

독서 스피드퀴즈 문제 - 단체전 📂

되는 상황에서 함께했던 사람에게 호감을 느끼는 심리 현상이죠. 아이들은 정해진 시간 안에 적당한 긴장감을 느끼면서 문제를 풀며 협력하는 동안 '함께'의 즐거움을 느낍니다.

퀴즈가 너무 어려워서 미션에 실패하는 경험이 반복되면 이런 효과를 누릴 수 없기 때문에 선물을 받을 수 있는 기준점은 통과하되 만점은 나오지 않을 정도의 수준으로 문제를 냅니다. 기준점은 자유롭게 정하면 되는데, 저는 25문제 중 20문제 또는 20문제 중 15문제 이상만 맞혀도 아이들 모두 간식과 스티커를 얻을 수 있도록 합니다. 한 명만 맞혀도 점수를 얻기 때문에 적당히 어려운 문제를 꼭 섞어서 내 줘야 아이들이 문제를 맞혔을 때 성취감을 느낄 수 있답니다.

이렇게 '함께'의 힘을 느끼는 것 말고도 스피드퀴즈가 주는 장점이 하나 더 있습니다. 스피드퀴즈는 책과 관련한 내용이 답으로 제시되어 있으니 설명하는 사람은 책 내용을 적절하게 설명해 주어야 합니다. 책 내용을 잘 알아야 하는 것은 물론이고, 상대방이 이해하기 쉬운 언어를 사용할 수도 있어야 하죠. 그래서 쉽지 않아요. 분명히 잘 알고 있는 개념도 설명을 하려고 하면 적절한 말이 떠오르지 않아 막히게 되거든요. 이걸 잘 설명할 수 있을 때 진짜 제대로 알고 있다고 할 수 있어요. 중언부언하지 않고, 적절한 언어를 찾아 설명해 내는 연습을 통해 아이의 학업 능력도 키울 수 있습니다.

독서 스피드퀴즈는 학년에 따라 다르게 진행하고 있습니다. 1~2학년은 제가 직접 모든 문제를 설명해 주고 아이들이 맞히는 방식, 3학년부터는 한 아이가 친구들에게 직접 설명해서 답을 맞히는 방식으로 진행합니다.

첫째가 2학년일 때 독서 스피드퀴즈를 처음 시작했는데, 제가 설명해 주는 것엔 쉽게 답하던 아이들이 자기가 직접 설명해야 하는 상황이 되자 완전히 당황하는 모습을 보였습니다. 특정한 답을 유도하기 위해 어떻게 설명해야 하는지 몰라 아예 시작조차 하지 못하는 아이들이 대부분이라 퀴즈 자체가 진행되지 않았습니다.

자신이 알고 있는 것이라도 그것을 말로 쉽게 표현하는 것은 한 단계 더 수준이 높은 활동임을 제가 미처 생각하지 못했던 거예요.

그래서 1~2학년은 제가 모든 문제를 설명하고 아이들이 맞히는 방식으로 진행하면서 대상을 어떻게 설명해야 하는지 자연스럽게 익히게 합니다. 그러고 나서 3학년부터는 아이들끼리 서로 돌아가며 설명하고 맞히는 방식으로 진행하죠. 네 명이 20문제를 맞혀야 하는 경우 한 명당 5문제씩 설명하고 들어가는 거예요.

2학년 때는 제대로 설명하지 못하던 아이들이 3학년 때부터는 조금씩 설명하기 시작했고, 4학년이 된 지금은 서로가 이해할 수 있는 수준으로 설명을 해 주고 답을 맞힙니다. 친구들이 쉽게 답

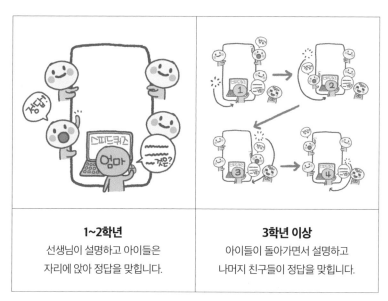

1~2학년	3학년 이상
선생님이 설명하고 아이들은 자리에 앉아 정답을 맞힙니다.	아이들이 돌아가면서 설명하고 나머지 친구들이 정답을 맞힙니다.

학년별 독서 스피드퀴즈 진행 방식

을 떠올릴 수 있도록 설명하려면 어떻게 말해야 하는지도 이제는 잘 알게 되어서 모니터 속 퀴즈 단어를 눈으로 보고, 머릿속에 설명을 떠올려 말로 표현하는 데까지 걸리는 시간도 많이 줄었습니다. 설명도 훨씬 이해하기 쉽게 하고요. 제가 가정독서동아리를 시작하면서 키워 주고 싶었던 의사소통 능력이 조금씩 커 가고 있습니다.

중급 1
독서 보드게임:
신나게 책 내용을 복습해요

독서 보드게임은 한 권의 책을 읽고 활동한 뒤 시간이 모호하게 남을 때나 방학에 주로 활용합니다. 게임 요소가 강하기 때문에 아이들이 정말 즐거워합니다. 독서 보드게임판을 이용하여 게임을 진행하는데, 일반적인 보드게임과 유사해서 아이들이 게임 방법을 쉽게 이해합니다. 다만 독서 보드게임의 질문 중에는 빠른 시간 안에 의도를 파악하고 완성된 문장으로 답해야 하는 것들이 있으므로 앞선 활동보다 수준이 조금 더 높습니다.

주인공 이름, 책 제목, 시간적 배경 등 바로 답을 떠올릴 수 있는 질문이 있는가 하면 마음에 드는 인물과 이유, 책의 결말을 바꾼다

독서 보드게임판 📁

면 어떻게 할 것인지 등 조금 더 골똘히 생각해야 하는 질문도 있습니다. 이럴 때 한참을 고민하고 생각하면서 답을 찾으려고 하면 게임이 지루해지기 때문에 10~15초 정도 제한 시간을 둡니다. 알고 보면 공부인데도 아이들에겐 재미있는 게임이라서 적극적으로 참여해요.

독서 퀴즈왕을 눈앞에 두고 '이런이런!'에 걸려서 뒤로 돌아갈 때는 희비가 엇갈리는 비명 소리가 들리기도 하고, '질문공격!!' 찬스를 얻었을 때는 책에 대해 가장 어려운 문제를 만들기 위해 순간적으로 엄청난 집중력을 발휘하기도 하죠. 요령이 있는 아이들은 보드게임판에 나온 문제 중 친구가 어려워할 만한 질문을 떠올리면서 즐겁게 책 내용을 익힙니다.

이때 저는 최대한 말을 아낍니다. 친구의 답이 맞는지 아닌지 제가 판단해 주지 않고 아이들끼리 판단하게 하죠. 자기 차례가 아니어도 친구가 어떤 질문에 걸렸는지 열심히 파악하고, 뭐라고 답하는지 집중해서 듣는 이유가 여기 있습니다. 못 맞히면 뒤로 한 칸 가야 하는데, 친구가 틀린 것도 모르고 있으면 그를 뒤로 보낼 소중한 기회를 잃을지도 모르니까요. 이러한 위기감이 친구의 대답에 더 집중하게 합니다. 책 내용과 비교하며 정확히 답하는지도 열심히 판단하고요. 이 과정에서 타인의 말을 집중해서 듣게 되고, 책 내용도 깊이 이해하게 되는 효과가 있어요.

답이 생각나지 않을 때는 5~10초 정도의 짧은 시간 동안 책을 찾아볼 수 있게 기회를 주어도 좋아요. 책 내용을 외워서 1등을 하거나 답을 말하지 못할 정도로 어려움을 느끼게 하는 것이 목표가 아니니까요. 정답을 맞힐 기회가 계속 주어진다는 걸 알면, 책 내용을 잘 이해하지 못한 아이도 게임을 포기하지 않고 끝까지 즐겁게 함께할 수 있습니다.

평소 가정독서동아리에서 글쓰기를 시킬 때는 스티커를 보상으로 주며 긴 글을 쓰도록 유도하지만, 독서 보드게임을 할 때는 스티커 보상을 주지 않습니다. 독서 퀴즈왕이 되었다는 만족감 자체만으로도 아이들에게는 충분한 보상이 되는지, 스티커에 대해서는 묻지도 않거든요. 이런 모습을 보면서 게임의 힘을 느끼고 있습니다.

　게임이라 경쟁적 성격이 강한 만큼 저학년 동아리에서는 경쟁심이 과열돼 서로 다투는 상황이 발생하기도 해요. 도전 퀴즈왕을 코앞에 두고 '이런이런!'에 걸려 돌아가야 하는 상황에서는 억울한지 눈물을 글썽이거나 짜증을 내기도 합니다. 이럴 땐 아이의 감정을 다독여 주면서도 게임의 규칙에 따른 것이니 어쩔 수 없다고 알려 줍니다.

　즐겁게 게임을 하는 가장 좋은 방법은 사전에 규칙을 충분히 숙지시키고, 열심히 했는데도 처음으로 돌아가 다시 시작해야 할 수도 있음을 미리 안내해 주는 것입니다. 불확실성이라는 요소가 게임을 더 흥미진진하게 하는 만큼, 자신이 그 요소에 걸려들었다면 속상해도 멋지게 넘어가는 모습을 보여 달라고 미리 이야기하는 거죠.

　엄마가 덩달아 흥분하지 않고 아이의 마음에 공감하면서도 규칙을 계속 알려 준다면 아이들도 수긍할 거예요. 물론 이 과정이 엄마에게 쉽지 않을 수도 있지만, 아이들이 자기의 불편한 감정을 다루는 방법도 함께 배울 수 있다는 것을 생각한다면 조금은 수월해지지 않을까요?

독서 퀴즈 출제하기: 논리력과 창의력을 길러요

앞서 초급 단계의 독후 활동으로 독서 골든벨을 소개했죠. 제가 문제를 내고 아이들이 각자 푸는 개인전 활동이었는데요. 이 활동을 반복해서 아이들이 문제의 유형을 어느 정도 파악했다 싶으면, 이번에는 아이들이 직접 문제를 내게 합니다. 저는 아이들이 4학년이 되었을 때부터 독서 골든벨 문제를 만들어 오도록 합니다. 물론 아이들이 만들어 온 문제 중에는 그대로 쓰기에는 부족한 것들도 있어서 절반은 아이들이 만든 문제, 절반은 제가 만든 문제로 진행하고 있습니다. 수준이 조금씩 향상되고 있으므로 아이들이 만드는 문제의 비중을 점진적으로 늘려 나갈 예정입니다.

독서 퀴즈 대회를 준비하는 과정에서 아이들은 책과 독서 활동지를 한 번 더 살펴보게 되는데, 여기에 출제까지 스스로 해 보게 함으로써 책 내용을 더 깊이 이해하게 할 수 있습니다. 책에서 어떤 내용이 중요한지 판단하는 연습을 할 수 있고, 문제가 구성되는 원리를 자연스럽게 학습할 수 있어서 학업 능력 향상에도 도움이 되지요.

독서 골든벨 문제를 아이들에게 만들게 한 과정과 그 문제를 바탕으로 어떻게 독서 골든벨을 진행했는지 소개하겠습니다.

❶ 독서 골든벨 문제를 만들 출제자를 선정합니다

한 권의 책을 다 읽고 활동을 마무리하면, 그 책의 독서 골든벨 문제를 만들 친구를 뽑습니다. 배우고 읽은 직후에 문제를 만들면 더 수월하기 때문이에요. 다음 순서에 해당하는 책의 출제자는 앞에서 출제한 친구와 겹치지 않게 선정합니다.

❷ 선정된 친구에게 문제지 양식을 줍니다

몇 년에 걸쳐 독서 골든벨을 진행해 왔기에 어떤 유형의 문제를 내면 될지 웬만큼은 알겠지만, 그래도 백지를 던져 주고 하라고 하면 아이들이 막막해할 수 있어요. 제시한 그림의 왼쪽과 같은 양

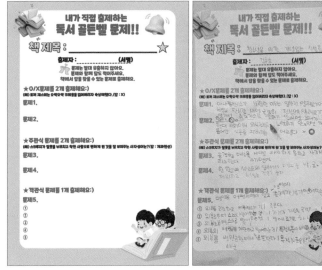

독서 골든벨 출제 양식 📂   작성 예시

식을 주는 것이 좋습니다. 오른쪽 그림은 아이가 직접 출제한 것입니다. 책을 읽고 친구들과 생각을 나눈 지 얼마 지나지 않은 데다 주어진 양식에 따라 만들었기 때문에 제법 문제다운 문제를 만들어 내더라고요.

독서 골든벨까지는 시간이 한참 남았더라도 문제는 바로 다음 주까지 제출하게 해야 아이들이 의식을 하고 날짜를 지켜서 제출합니다. 너무 긴 시간을 주면 미뤄 두는 아이가 종종 있어요.

❸ 아이들이 만든 문제에서 2~3개를 골라 출제합니다

어떤 아이가 만든 문제는 5개를 모두 독서 골든벨에 사용해도 될 만한 수준인데, 어떤 아이의 문제는 겨우 하나 건질 수 있는 수준인 경우도 있습니다. 그렇다고 특정 아이의 문제만 많이 사용해서는 안 됩니다. 학교 시험은 아니지만 아이들이 제법 긴장감을 가지고 임하는 독서 퀴즈 대회이기에 공정성 문제도 있고, 아이들의 자존심을 상하게 할 수 있다는 문제도 있거든요. 그래서 무조건 같은 수의 문제를 선정합니다. 모두 2개씩 고르거나, 3개씩 고르는 거죠.

그렇다면 퀴즈 대회에 출제하기에 너무 부족한 문제들은 어떻게 해야 할까요? 그대로 사용해야 할까요? 그런 문제는 출제한 아이의 의도에서 크게 벗어나지 않는 선에서 살짝 다듬어 줍니다.

❹ 아이들 문제를 다듬고 피드백합니다

아이들이 만들어 오는 5개의 문제가 모두 완벽한 경우는 거의 없습니다. 엄마가 만드는 문제도 완벽하다고 자신하긴 어려우니까요.

그래서 아이들에게 문제를 내는 것도 공부의 한 과정임을 이야기해 줍니다. 부족한 부분을 조금씩 보완해 나가면 나중에 학교 시험을 준비할 때도 도움이 된다고 이야기해 주죠. 아이들이 만든 문제에 대해서는 실제 퀴즈에 사용하든 하지 않든 간단히 피드백을 해 줍니다.

피드백은 전체적으로 잘된 점을 먼저 칭찬하고, 보완할 점을 얘기하는 것이 순서입니다.

아이들이 만들어 온 문제에서 피드백이 필요한 사례로는 다음과 같은 것들이 있습니다.

- 정답이 없거나 여러 개인 경우
- 중요하지 않은 내용을 묻는 경우
- 책의 앞부분 또는 뒷부분 등 특정 부분에 치우친 경우
- 책 내용을 잘못 이해한 경우
- 가정독서동아리 시간에 다루지 않은 내용인 경우

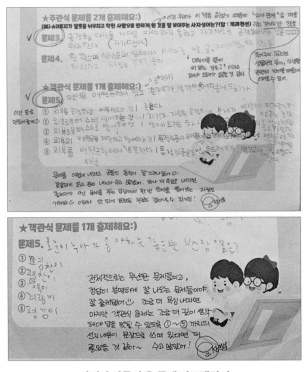

아이가 만들어 온 문제 피드백하기

❺ 아이들의 문제와 엄마의 문제를 합쳐 독서 골든벨을 치릅니다

아이들이 만든 문제를 수록할 때는 문제 위에 출제자 이름도 같이 적어 줍니다. 즉석에서 친구들의 간단한 평가가 이루어지기에 자기가 낸 문제에 책임감을 느끼게 되고, 다음 퀴즈 대회에서 더 좋은 문제를 만들기 위해 노력하게 됩니다. 가끔은 자기가 낸 문제를 자기가 못 맞히는 황당한 사건도 벌어져 활동에 재미를 주기도 하고요.

가정독서동아리 활동에서 이미 한 번 읽은 책을 독서 퀴즈 대회를 준비하면서 또 읽고 문제를 만들면서도 읽었는데, 문제를 풀며한 번 더 보게 된다면 한 권의 책을 제대로 이해하고 오랫동안 기억할 수밖에 없겠죠?

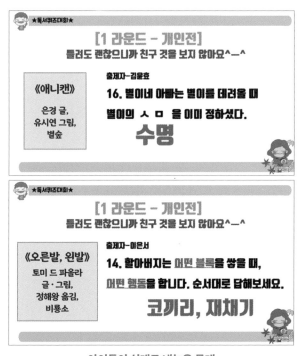

아이들이 실제로 내놓은 문제

독후감 대회 참여하기:
독후감의 수준을 높여요

마지막 독후 활동으로 매번 글쓰기를 하는데, 보통은 독후감의 형식을 제대로 갖추어 쓰기보다는 약식으로 자신의 감상을 쓰게 하거나 간단한 줄거리를 쓰게 합니다. 책 내용을 전반적으로 소개하고, 그 안에서 자신이 느끼고 배운 점을 책 내용과 잘 버무려 독후감을 완성하려면 시간이 꽤 소요되기 때문입니다. 그 대신 학기별로 한 번씩은 꼭 독후감 대회에 도전하자는 핑계로 장문의 독후감을 작성해 보게 합니다. 한 번으로 끝내기 어려워 몇 주에 걸쳐 진행하므로 아이들이 힘들어하기도 합니다. 그래서 이 활동을 진행할 때는 다른 때보다 간식을 푸짐하게 내놓는 편입니다.

독후감 대회 정보는 어디서 얻느냐고요? 학교에서 오는 'e알리미'에서 글쓰기 대회나 독후감 대회 소식만 챙겨도 학기별로 한 번씩 독후감 대회에 도전할 수 있습니다. 동네 도서관 게시판에 붙어 있는 독후감 대회 포스터에 관심을 가져 보는 것도 좋습니다. 저는 동시 쓰기 대회나 독후감 대회 위주로 찾아보는 편입니다. 동시는 길이가 짧아서 아이들이 부담 없이 작품을 응모할 수 있고, 독후감은 아이들이 조금 부담스러워하긴 하지만 이왕이면 완성도 높은 독후감을 쓰게 하고 싶기 때문이에요.

아이들과 독후감 대회를 준비하는 과정을 설명하겠습니다.

❶ 독후감을 쓸 도서를 선정합니다

대부분의 독후감 대회는 도서를 지정해 줍니다. 그런데 수십 권에 이르는 대상 도서를 제가 모두 준비하기는 쉽지 않기 때문에 목록을 나눠 주고 주말 동안 서점이나 도서관에 가서 아이들이 직접 원하는 책을 고르게 합니다.

이때 다음과 같은 기준표를 함께 제공합니다. 이보다 기준을 더 자세히 제시하면 좋겠지만 서점이나 도서관에서 충분한 시간을 들여 여러 권을 제대로 살펴볼 수 없는 경우가 대부분일 테니, 이 정도면 아이들이 책을 고르는 데 충분히 도움이 될 것입니다.

책 제목:	합계: 점
책 고르는 기준	**내가 준 점수**
표지나 제목을 보니 흥미롭게 읽을 수 있을 것 같다.	5 - 4 - 3 - 2 - 1
목차를 훑어보니 흥미롭게 읽을 수 있을 것 같다.	5 - 4 - 3 - 2 - 1
평소에 내가 관심 가지고 있는 내용을 다루고 있다.	5 - 4 - 3 - 2 - 1
3~4장을 읽어 보았을 때 어렵지 않게 읽을 수 있었다.	5 - 4 - 3 - 2 - 1
책 내용과 관련해 이야기할 만한 나의 경험이 있을 것 같다.	5 - 4 - 3 - 2 - 1
책 내용과 관련해 내 생각을 말할 게 충분히 있을 것 같다.	5 - 4 - 3 - 2 - 1

독후감용 도서를 고르는 기준표 📂

❷ 독후감 작성과 관련한 설명을 해 줍니다

독후감에 들어가야 하는 내용과 작성하는 방법을 설명해 줍니다. 독후감을 이미 여러 차례 작성해 본 경우라면 생략할 수도 있지만, 아이들이 완전히 익힐 때까지는 간단하게라도 설명해 주는 게 좋아요. 저 역시 지금은 아이들이 이미 여러 차례 독후감 대회를 경험한 터라 간단히 안내하지만, 초기에는 다음과 같이 자세히 안내해 주었습니다. 독후감을 어떻게 쓸 것인지 미리 생각한 뒤에 책을 읽고 글을 쓰는 것과 무작정 읽고 쓰는 것은 결과에서 차이가 나거든요.

독후감을 쓸 때 가장 중요한 것은 여러분의 '느낌과 생각'이에요. 책의 어느 장면에서 그런 느낌과 생각을 갖게 되었는지가 드러나야 하니까 '책의 내용'도 잘 적어 주어야겠죠? 이 점을 기본으로 하면서 다음과 같은 내용이 자연스럽게 들어가도록 쓰는 것이 좋아요. 다 쓸 수는 없지만, 여러분이 쓸 수 있는 내용이나 쓰고 싶은 것들을 골라 보아요.

독후감에 들어가면 좋을 내용 📂
- ☐ 이 책을 선택해서 읽게 된 이유
- ☐ 책의 제목, 표지 그림 등에 대한 내 생각(내용에 대한 예측과 실제 내용 비교 등)
- ☐ 책을 읽기 전 책에 가졌던 생각과 읽은 후의 생각 비교
- ☐ 책 내용 전반에 대한 내 생각이나 평가

- ☐ 책의 간단한 줄거리
- ☐ 주인공이나 등장인물에 대한 내 생각과 그렇게 생각한 이유
- ☐ 책 내용과 비슷한 나의 경험
- ☐ 내가 작가라면 바꾸고 싶은 부분(인물의 성격, 주요 사건, 결말 등)
- ☐ 책을 읽다가 궁금했던 점
- ☐ 책 내용과 관련한 세상 이야기(신문이나 뉴스에서 접했던 이야기와 연결)
- ☐ 가장 기억에 남는 장면이나 사건과 기억에 남는 이유
- ☐ 이 책을 추천해 주고 싶은 사람과 그 이유
- ☐ 내가 주인공(또는 다른 인물)이라면 어땠을까?
- ☐ 이 책을 읽고 배우게 된 점이나 교훈(관련된 속담이나 사자성어가 있다면 연결)

책을 다 읽고 난 뒤엔 다음 중 여러분의 생각을 가장 잘 드러낼 수 있는 방식을 택하여 독후감을 작성합니다.

- ☐ **줄글로 쓰기**: 일반적으로 쓰는 방식이에요. 앞에서 여러분이 선택한 다양한 항목을 자연스럽게 엮어서 한 편의 글로 쓰면 됩니다.
- ☐ **편지글로 쓰기**: 책 속의 등장인물이나 책을 쓴 작가 또는 친한 친구나 가족에게 편지를 통해 책과 관련하여 하고 싶은 말을 전달하는 방식입니다.

□ **책 소개하는 글 쓰기**: 아직 책을 읽지 않은 사람에게 책 내용을 자세히 소개하면서 어떤 부분들이 좋았고 감명 깊었는지 등 책이 지닌 가치를 이야기하며 추천하는 방식입니다.

□ **내용 바꾸어 쓰거나 이어서 써 보기**: 특정 장면의 내용을 바꾸어서 쓰거나 결말 이후에 이어질 내용을 상상해서 써 보는 방식인데, 앞에 제시한 방식들을 사용하면서 추가로 사용할 수 있는 방식입니다.

□ **시로 쓰기**: 책을 읽고 난 뒤의 느낌을 시로 쓰거나 주인공의 특징·감정 등을 잘 보여 주는 시를 쓸 수 있습니다. 책에 드러난 사건 일부를 시로 바꾸어 볼 수도 있고요. 이 역시 앞에 제시한 방식들을 사용하면서 추가로 사용할 수 있습니다.

이런 내용을 아이들이 미리 인지하면 어떤 내용이 독후감에 넣을 만한지 판단하며 읽게 되고, 어떤 방식으로 정리하는 것이 효과적인지도 생각하게 됩니다.

❸ 각자 선정한 책을 준비해 와서 읽습니다

집에서 책을 읽어 와도 되지만, 그러면 숙제같이 느껴질 것 같아서 함께 모여 간식을 오독오독 씹으며 읽습니다. 이때는 조용히 책만 읽는다면 엎드려서 읽든, 책상 앞에 앉아서 읽든 자유롭게 둡니다. 친구가 집중한 표정으로 흥미롭게 책을 읽는 모습을 본 아이는 자연스레 그 책에 대한 호기심을 느껴 독후감 대회 응모 이후 다른 책으로 독서를 확장하는 효과가 있습니다.

❹ 독후감에 넣을 만한 내용을 구상합니다

초등학생들이 읽는 책은 대체로 30분 남짓이면 다 읽을 수 있는 정도의 글밥으로 되어 있습니다. 그러므로 책을 읽은 뒤 ❷에서 이야기한 '독후감에 들어가면 좋을 내용' 중 5~6개를 골라 표시하고, 해당 내용을 표에 적어 보는 것까지 하면 한 차시의 수업으로 적절한 양이 됩니다.

책을 읽고 바로 감상문을 쓰지 않고 이 단계를 거치는 것은 다소 번거로운 일이지만, 건너뛰지 않는 이유는 쓸 내용을 구상할 때의 장점들을 알려 주고 싶었기 때문입니다. 대표적인 장점으로 다음과 같은 것들이 있습니다.

- 다양한 항목의 내용을 의식적으로 5~6개 구상하게 되므로, 여기에 살을 조금만 더 붙이면 다양하고 풍성한 내용으로 독후감을 쓸 수 있습니다.
- 쓸 내용을 미리 구상하고 써 보는 과정을 통해 무작정 독후감을 쓰기 시작했다면 깊이 생각하지 못했을 부분들을 충분

히 생각해 볼 기회를 얻습니다.

- 아이들이 잘못 이해한 부분을 미리 파악하고 잡아낼 수 있어서 독후감을 완성한 후에 수정하느라 애먹는 일이 줄어듭니다.

도서명	
독서감상문 제목	
내가 써 볼 내용	
간단한 줄거리	
기억에 남는 장면	

독후감 구상 표 📂

❺ 구상한 내용을 전체 독후감의 흐름에 맞게 재배열합니다

❹에 적은 내용을 기계적으로 나열하기만 한다면 글의 흐름이 부자연스러워집니다. 독후감의 흐름을 고려할 때 ❹의 내용 중에는 글의 처음 부분에 들어가는 게 적절한 것이 있는가 하면, 마지막 부분에 들어가는 게 적절한 것이 있을 테니까요. 또한 아이들이 정리한 것 중에는 나머지 내용과 성격이 너무 달라서 독후감

에 무조건 욱여넣으면 전체적인 맥락을 깨뜨리는 내용도 종종 있습니다. 글의 유기적인 흐름을 고려하면서 처음-중간-끝에 들어갈 적절한 내용을 채워야 합니다.

처음-중간-끝에 들어갈 적절한 내용을 간단히 정리하고 글의 맥락이 자연스러운지 점검한 후 독후감을 작성하면, 훨씬 완성도 높은 글이 만들어집니다. 하지만 아직 독후감에 익숙하지 않은 아이들은 어떤 내용으로 글의 처음-중간-끝을 채워야 할지 잘 모릅니다. 그래서 처음-중간-끝에 들어갈 수 있는 내용엔 각각 어떤 것들이 있는지 예를 들어 줍니다.

처음	□ 책의 첫인상 □ 책을 읽게 된 까닭	□ 간단한 줄거리
중간	□ 책 내용과 비슷한 나의 경험 □ 내가 작가라면 □ 특히 안타까웠던 부분 □ 책 내용에서 궁금한 점 □ 가장 기억에 남는 장면이나 사건	□ 내가 등장인물이라면 어땠을까? □ 책의 내용에 대한 나의 생각 □ 책을 읽고 새롭게 알게 된 점 □ 책에서 마음에 드는 부분(표현) □ 책을 추천하는 이유
끝	전체적인 소감 및 마무리	

독후감의 처음-중간-끝 📁

물론 독후감을 어떻게 쓰느냐에 따라서 처음에 들어갈 내용으로 소개한 것이 중간에 들어가는 게 더 적절하고, 중간에 들어갈 내용으로 소개한 것을 마지막에 넣는 게 더 적절할 수도 있습니다. 하지만 아직 독후감 작성에 익숙하지 않은 아이들은 일반적인 흐름을 바탕으로 내용을 구상하는 연습을 하면서 자연스럽게 자신의 스타일을 찾아가는 것이 좋다고 생각합니다.

그래서 ❹에서 구상한 내용을 표에 채워 보게 하고 있습니다. 표를 완성하면 아이들에게 소리 내어 읽어 보면서 불필요한 내용은 없는지, 흐름이 부자연스럽거나 다른 내용과 어울리지 못하는 부분은 없는지 파악해 보라고 합니다. 그러면 신기하게 제가 생각하고 있던 것 중 몇 가지를 아이들이 직접 잡아내고 수정합니다. 물론 찾아내지 못하는 것도 있는데, 그런 부분은 제가 힌트를 주며 찾아보게 한 뒤 고치게 합니다. 이런 과정을 꼼꼼하게 거칠수록 독후감의 수준이 높아집니다.

❻ 정리한 내용에 살을 붙이며 원고지에 독후감을 작성합니다

❹를 통해 다양한 내용을 구상하고 ❺를 통해 전체 흐름을 고려하여 내용을 재배열하는 과정을 거쳤다면, 이제는 그 내용에 살을 붙여 나가며 독후감을 쓰는 일만 남은 겁니다. 대부분의 독후감 대회는 온라인으로 제출하므로 굳이 원고지에 작성할 필요는 없지만, 저는 우선 원고지에 작성하게 합니다. 원고지에 작성하게 함으로써 얻게 되는 효과가 있거든요.

독후감 대회에 응모하는 이유는 단순히 대회에서 입상하는 경험을 하게 하려는 것이 아닙니다. 평소보다 더욱 완성도 있는 글을 쓰게 하는 것이 목적입니다. 아이들은 원고지에 적을 때 글씨나 맞춤법에 더욱 신경 쓰는 경향이 있습니다. 즉 형식적인 면에서 완성도를 높이는 데 도움이 되죠.

그리고 현재까지 쓴 내용의 분량이 어느 정도인지도 알 수 있습니다. 작성한 분량을 실시간으로 파악한다는 것은 대회에서 최소 조건으로 내건 원고의 분량을 얼마나 달성했는지를 아는 것이기도 하지만, 그보다 더 좋은 점은 글의 균형을 맞추는 데 도움을 준다는 것입니다. 아이들은 글을 쓰다 보면 한 내용에 몰두해서 굉장히 길게 쓰고 다른 부분은 한두 줄 정도에 그치는 경우가 있습니다. 물론 모든 내용의 분량이 같을 필요는 없지만, 배운 점 세 가지를 쓰겠다고 해 놓고 첫 번째 내용은 5~6개 문장으로 작성하고 두 번째와 세 번째 내용은 1~2개 문장으로만 작성하면 균형이 맞지 않습니다. 원고지를 사용하면 글자 크기와 무관하게 분량을 정확하게 계산할 수 있어서 대강의 양을 원고지 페이지에 표시해 두고 분량을 맞출 수 있어서 좋습니다.

또한 처음-중간-끝의 흐름에서 '처음'이나 '끝' 부분의 내용이 지나치게 많아지고 '중간' 부분은 적어지는 초보적인 실수를 줄일 수 있다는 것도 장점입니다. 이렇게 의식적으로 글의 균형을 맞추면, 자신이 미처 충분히 생각하지 못했던 부분들도 글을 쓰는 도중에 고민하며 채워 나갈 수 있게 됩니다.

❼ 작성한 내용을 퇴고한 뒤, 독후감 대회에 응모합니다

완성된 원고를 아이들 스스로 읽고, 다듬어야 하는 부분들을 확인하고 고쳐 보게 합니다. 스스로 자기 글을 읽어 보고 '퇴고'하는 과정은 글쓰기의 마무리로 꼭 습관을 들여야 하기 때문입니다.

학교에서 수행 평가를 진행하거나 서술형 평가를 치를 때 자신이 쓴 글을 꼼꼼하게 살펴보는 학생이 있는가 하면 그렇지 않은 학생도 있습니다. 퇴고하지 않는 아이들은 자기가 직접 생각한 것을 그대로 글로 옮겼으니 별문제 없으리라 믿죠. 이런 아이들은 뒤늦게 실수를 발견하곤 합니다. 머릿속에 있는 생각을 글로 온전히 표현해 내는 작업은 성인에게도 쉬운 일이 아닙니다. 생각을 글로 잘 옮겼다고 생각하더라도 의도한 만큼 매끄럽게 표현되지 않았을 가능성이 큽니다.

처음부터 매끄러운 글을 쓰기는 어려워도, 정제된 글을 충분히 읽어 왔다면 초등학생 아이들도 자기 글을 다시 읽는 과정을 통해 문제점을 한두 가지는 찾아낼 수 있습니다. 스스로 오류를 찾고 고치는 모습에 칭찬 몇 마디만 얹어 주어도 아이들은 자기 글을 열심히 읽습니다.

이런 퇴고 과정에서 정말 아쉬운 부분이 발견되면 1~2개 정도만 다시 생각해 볼 수 있게 힌트를 주세요. 대회에 제출하는 것이니 더욱 욕심이 나고 눈에 밟히는 부분이 많겠지만, 너무 많이 개입하면 아이들도 느끼게 됩니다. 이것은 온전한 내 글이 아니라는 것,

내 글에 문제가 참 많다는 것을 말이죠. 수상이 목적이 아니라 아이들의 성장이 목적임을 꼭 기억하기 바랍니다. 이렇게 퇴고까지 거친 뒤 아이들의 글을 컴퓨터 파일로 옮겨서 대회에 응모하면 전체 과정이 마무리됩니다.

다른 독후 활동에 비해 독후감을 써서 응모하는 활동은 오랜 시간이 걸리는 편입니다. 책을 선정해서 읽고, 쓸 내용을 구상한 뒤, 처음·중간·끝의 흐름에 따라 재배열하고, 독후감을 쓰고, 퇴고까지 거치는 과정이 아이들에게 버거울 수 있어요. 평소보다 훨씬 공을 들여 쓴 만큼 상을 받을 수 있으리라는 기대감도 함께 커지고요. 하지만 달콤한 보상이 뒤따르는 경우보다는 실망스러운 결과를 얻는 경우가 더 많을 거예요. 힘들게 했는데 상을 받지 못하면 다시는 독후감 대회에 응모하고 싶지 않다고 말할지도 몰라요.

결과가 나오기 전에 미리 아이들에게 이야기해 주세요. 결과보다 중요한 것은 대회에 응모작을 내기까지 노력한 과정과 그 과정을 통한 성장이라고요. 어떤 결과가 나오더라도 이 경험을 통해 아이들 내면에서 분명히 성장이 일어났다고 알려 주고 칭찬해 주는 겁니다.

근거 없는 칭찬이나 격려는 아이들에게 와닿지 않을 수 있으므로, 이전에 아이들이 썼던 글과 대회에 응모하면서 쓴 글을 나란히 놓고 비교하면서 얼마나 성장했는지를 보여 주세요. 이런 비교는 아이들의 자존감을 높여 주는 방법이 된답니다. 평소보다 더 긴 글을 써내는 데 성공했고, 책에 대한 자기 생각을 다양하게 녹여 낸 것만으로도 충분히 잘 해냈다는 이야기를 꼭 해 주세요.

자기 독후감을 써내느라 친구들의 독후감은 보지 못했을 아이들을 위해 모두의 독후감을 전체 아이들 수에 맞게 인쇄하여 소책자로 만들어 주는 것도 좋습니다. 평소 어떤 글을 써 왔는지 서로 아는 상태이기에 친구가 긴 호흡으로 써 내려간 진지한 독후감을 읽을 때는 진심 어린 칭찬이 나오게 마련입니다. 나의 성장은 눈에 잘 보이지 않아도 타인의 성장은 잘 보이기에 그런 부분들을 서로 발견해 주며 긍정적인 느낌으로 활동을 마무리할 수 있어요. 평소의 글보다 더 성장한 부분을 하나씩 돌아가며 칭찬해 준다면, 비록 상을 받지 못하더라도 아이들은 독후감 쓰기의 장점을 느끼게 될 겁니다. 성장의 경험을 줄 수 있는 뜻깊은 활동이므로 꼭 도전해 보기 바랍니다.

심화 2

프레젠테이션 발표하기: 발표 능력을 키워요

중·고등학교에서는 발표 활동을 많이 합니다. 대부분의 발표는 자리에서 일어나거나 교탁 앞에 나가서 말로만 하면 되지만, 수행 평가에서의 발표는 그렇지 않습니다. 배운 내용이나 모둠별로 조사한 내용을 프레젠테이션 자료로 만든 뒤, 몇 차시에 걸쳐서 친구들에게 보여 주며 발표해야 하거든요. 알고 있는 내용을 시청각 자료를 동원하여 전달하는 능력은 중·고등학교에서는 물론 이후 사회인으로서 살아갈 때도 꼭 필요하기 때문에 미리 익혀 두면 좋습니다.

컴퓨터를 활용한 프레젠테이션 자료 제작 및 발표 방법을 소개하고자 합니다. 만약 컴퓨터를 활용하기가 쉽지 않은 상황이라면 4절 종이에 색색의 펜을 사용해서 정리한 뒤 발표하는 연습이라도 꼭 해 볼 기회를 주었으면 좋겠습니다.

요즘 아이들은 어릴 때부터 컴퓨터나 휴대전화 같은 전자 기기를 사용해 왔으니 따로 가르쳐 주지 않아도 자료 제작을 충분히 잘해낼 거라고 막연히 생각하지만, 사실 그렇지 않습니다. 인터넷 검색이나 게임, 웹툰 보기 등 자신이 자주 하는 것에만 익숙한 아이들이 자료 제작을 저절로 잘하게 되지는 않습니다. 발표의 전달력을 높일 수 있는 프레젠테이션 자료를 만들고, 청중이 이해하기 쉽게 전달하려면 연습이 필요합니다.

중·고등학교 단계만이 아니라 사회에서도 통할 수 있도록 프레젠테이션 능력을 높이려면 다음의 내용을 계속 연습할 수 있도록 아이들에게 기회를 주어야 합니다. 꾸준한 연습을 통해 아이들은 인터넷 매체의 이용이나 컴퓨터의 사용이 단순히 '노는 것'하고만 관련된 것이 아니라, 자기 생각을 정리하여 표현하기에 적절한 수단임을 알게 될 겁니다.

- **발표의 목적과 청중 이해**: 단순한 정보 전달인지 설득인지에 따라 발표의 성격과 내용 구성이 달라질 수 있습니다. 발표를 듣는 이가 선생님인지 친구들인지에 따라서도 발표 방식이나 내용을 달리해야 하죠. 가정독서동아리에서는 친구들이 주된 청중이지만 학교에서 책 내용을 바탕으로 선생님 설득하기, 환경 보호 실천을 위해 지역 사회 구성원들 설득하기 등 다양한 상황을 주면서 연습할 수 있게 하는 것이 좋습니다.
- **내용의 간결한 구성**: 설명할 내용 모두를 글자로 보여 주고 줄줄 읽어 내려간다면 청중은 발표 내용에 집중하기 어렵습니다. 화면에는 핵심적인 내용만 담고, 발표자가 그 내용에 자세한 설명을 덧붙입니다. 그러려면 긴 내용을 압축하여 정리하는 연습과 더불어 발표 내용을 충분히 숙지해야 합니다. 이 과정에서 배움이 일어납니다.
- **시청각 요소의 적절한 활용**: 효과적인 프레젠테이션 자료는 글로만 전달했을 때의 한계를 이미지, 아이콘, 그래프, 음향 효과, 동영상 자료 등으로 보완함으로써 청중이 내용을 잘

이해하고 기억하도록 돕습니다. 화려함에만 치중해서 불필요한 요소를 많이 사용하기보다는 요소들을 적재적소에 배치하는 것이 중요하죠. 자료를 만드는 과정에서 꼭 필요한 요소가 무엇인지, 내용의 특징에 따라 어떤 요소를 추가하면 효과적인지, 덜어 내야 하는 것은 무엇인지를 파악하는 안목이 길러집니다.

- **비언어적 의사소통 활용:** 발표가 일방적인 말하기가 아니라 청중과의 의사소통이라는 점을 생각할 때, 청중의 호응과 이해를 끌어낼 수 있어야 성공적인 발표라고 할 수 있습니다. 그러려면 비언어적 의사소통을 잘 활용해야 합니다. 비언어적 의사소통은 직접적인 언어 표현을 제외한 것들을 가리키는데 표정, 손동작, 청중과의 눈 맞춤, 끄덕임, 목소리 톤 등이 이에 해당합니다. 자신감 있는 목소리, 정확한 발음, 적절한 손동작과 표정은 청중의 몰입에 영향을 줍니다. 처음부터 비언어적 요소들을 모두 고려해 발표하는 것은 쉽지 않으므로 정확한 발음과 적절한 목소리부터 연습하다가 점차 한 요소씩 추가로 의식하며 발표하는 연습을 해 나가면 발표의 수준을 높일 수 있습니다.
- **주어진 시간에 맞춰 말하기:** 대부분의 발표 상황에는 제한된 시간이 주어집니다. 너무 짧게 말하고 끝내거나, 지나치게 길어지지 않도록 정해진 시간을 지키는 연습을 하는 게 좋습

니다. 수행 평가 발표의 경우 대부분 반드시 넘어야 하는 최소 기준 시간, 넘지 말아야 하는 최장 기준 시간이 있어서 이 범위를 벗어나면 감점됩니다. 아이들에게 발표 시간을 정해 주고, 그 시간에 맞춰 프레젠테이션 자료를 준비하게 해 보세요. 시간이 너무 길어지면 불필요한 내용을 덜어 내고, 너무 짧으면 중요한 내용을 빠뜨리진 않았는지 점검하게 합니다. 처음에는 시간 맞추는 것을 어려워하지만, 반복적인 발표 연습을 통해 준비한 내용을 발표하기 위해 어느 정도 시간이 소요될지 예상할 수 있게 될 겁니다.

실제 프레젠테이션 사례

저는 아이들이 4학년 중반 무렵이 되었을 때 시작했는데, 첫 활동 때부터 아이들이 어렵지 않게 따라오며 적극적으로 참여하더라고요. 첫 단추만 잘 끼우면 이후부터는 아이들이 알아서 잘 해냅니다. 저희보다 매체를 다루고 익히는 속도가 빠르니까요. 아이들과의 활동 예시를 소개할 테니 전반적인 과정을 머릿속에 그려 보면 좋겠습니다.

둘씩 짝을 지어 한 팀을 이루게 했는데, 상황에 따라 개인으로 진행하거나 구성원 전체가 한 팀을 이루어 프레젠테이션 자료를 만들고 한 명이 대표로 발표해도 됩니다.

❶ 책 읽기

보통의 독서동아리 상황에서는 이미 함께 읽은 경우가 대부분이므로 책 읽기 과정을 생략해도 됩니다. 방학과 같이 시간이 많을 때는 '방학 동안 읽은 책 중 가장 재미있었던 책 소개하기'로 진행하는 등 상황에 따라 다양한 책을 선정할 수 있습니다.

❷ 필요한 정보를 파악하며 책을 다시 살펴보고 활동지 작성하기

'읽은 책의 내용을 정리해서 발표하기'라고만 하면 아이들이 어떤 내용을 정리해야 하는지 막막하게 여기므로, 프레젠테이션 자료에 들어가야 하는 항목을 정해 주는 게 좋습니다. 다음의 예시를 참고하여 아이들에게 3~4개 정도의 항목을 정해 주거나, 이 중에서 선택하여 작성하게 하면 됩니다.

- 주인공의 특징(성격, 가치관 등)
- 중심 사건(사건의 원인, 해결 과정, 갈등 양상 등)
- 전체 줄거리 소개
- 느낀 점, 교훈
- 다른 작품과의 공통점과 차이점

- 이 책을 추천하는 이유
- 이 책의 내용과 관련된 기사 소개

❸ 프레젠테이션 자료 만들기

첫 수업 시간에는 프레젠테이션 자료 제작 방법을 자세히 설명합니다. 대부분 프레젠테이션 프로그램의 화면 구성이 직관적이므로 아이들은 몇 번 클릭해 보며 기본적인 기능은 익히게 됩니다.

제가 추천하는 프레젠테이션 제작 프로그램은 캔바(www.canva.com)와 미리캔버스(www.miricanvas.com)입니다. 두 프로그램 모두 무료로 이용할 수 있으며, 다양한 템플릿을 제공하므로 글자만 넣어도 깔끔하게 디자인된 프레젠테이션 자료를 제작할 수 있습니다. 그리고 다양한 이미지, 음향 효과, 동영상 자료 등을 검색해 바로 삽입할 수 있어서 아이들이 이용하기 쉽습니다.

자료를 만드는 내내 내용과 관련 있는 이미지에는 어떤 것이 있는지 함께 이야기 나누고, 어떤 검색어를 입력해야 더 적절한 자료를 찾을 수 있는지 고민합니다. 일정 분량을 초과할 수는 없으니 핵심 내용을 어떻게 구성할 것인지도 고민하며 썼다 지우길 반복하죠. 이 과정을 통해 효과적인 프레젠테이션을 위한 내용 구성을 연습하게 됩니다.

이 활동은 초등 3학년에 시작하면 수월하게 진행할 수 있습니다. 실제로 저는 4학년 아이들과 진행했는데, 프레젠테이션 제작이 처음인데도 아이들은 금세 방법을 익혀서 자료를 만들었고 책 내용도 적절하게 구성하여 발표했습니다. 옆에 있던 초등 2학년 아이도 제법 따라 하는 듯했지만, 내용을 알차게 구성하는 일까지는 한계가 있더군요. 학교 교육 과정에서도 학습 내용을 구조화하여 정리하는 활동은 초등 3학년부터 하는 것이 적절하다고 봅니다. 그러므로 초등 3학년 즈음부터 시작하면 아이들에게 큰 도움이 되리라 생각합니다.

❹ 발표자 정하고 발표 연습하기

개인별 프레젠테이션 자료를 제작하는 경우엔 발표자를 따로 정할 필요가 없지만, 팀을 짜서 진행하는 경우엔 발표자를 정합니다. 발표하기 전에 연습할 시간을 주는 것은 아이들이 발표 때 실수하는 빈도를 줄여 줌으로써 발표 후의 성취감을 높일 뿐 아니라, 발표하기 전엔 항상 연습해야 한다는 것을 자연스럽게 알려 주기 위해서입니다.

고등학교에서 수행 평가를 진행하다 보면 자료도 정성스럽게 만들었고 내용도 알차게 구성했지만 시간을 지키지 못해서 준비한 내용을 다 보여 주지 못하거나, 시간 미달로 점수가 깎이는 안타까운 아이들이 있습니다. 시간을 체크하는 연습만 했어도 그런 상황은 면할 수 있었을 텐데 말이죠. 사춘기 아이들의 수행 평가에 일일이 참견할 수 없을 테니 미리 연습을 시켜 주면 좋겠지요.

❺ 발표하기

발표자는 준비된 프레젠테이션 자료를 보며 발표를 진행합니다. 여럿이 팀을 이룬 경우라면 팀원이 슬라이드를 넘겨 주고, 혼자 발표하는 경우엔 자기가 직접 슬라이드를 넘기며 발표하죠. 어떤 경우든 연습을 충분히 하지 않으면 발표 내용과 맞지 않게 슬라이드가 너무 일찍 넘어가거나 너무 늦게 넘어가는 일이 발생합니다.

발표 연습을 몇 차례 거듭하면서 아이들은 이런 문제점을 발견하고, 조금 더 의식적으로 신경을 쓰면서 점차 개선해 나갑니다. 이 단계를 잘 해내려면 바로 앞 단계에서 충실해야 한다는 얘기입니다.

❻ 상호 피드백

친구들의 발표를 신경 써서 듣도록 유도하려면 상호 피드백 과정을 거치는 것이 좋습니다. 자기 발표에만 신경 쓰다 보면 친구의 발표를 제대로 듣지 않게 되는데, 이때 상호 평가표를 주고 표시하면서 듣게 하면 좋습니다.

학생들은 하루 중 대부분의 시간을 듣는 데 씁니다. 특히 중·고등학교에 진학하면 대부분 시간이 수업을 듣는 데 할애되죠. 귀에 들어오는 정보에 집중하는 연습을 하는 데 좋은 방법이 바로 상호 피드백을 하는 겁니다. 피드백을 주고받으면 아이들은 친구들의 발표를 열심히 듣고, 자기가 발표할 때는 피드백 항목을 조금 더 의식하고 발표하게 됩니다. 상호 피드백은 줄 세우기가 목적이 아니라 아이들의 프레젠테이션 발표 능력을 향상시키기 위한 것이므로, 평가 항목은 '잘함(적절)'과 '보통' 두 가지로만 구성합니다.

이름	중요 항목을 빠뜨리지 않고 발표했는가?	목소리의 크기가 적절했는가?	프레젠테이션 화면 구성이 적절했는가?	내용이 잘 이해되도록 전달했는가?
김현진	잘함 / 보통	적절 / 보통	적절 / 보통	잘함 / 보통
이은우	잘함 / 보통	적절 / 보통	적절 / 보통	잘함 / 보통
김현호	잘함 / 보통	적절 / 보통	적절 / 보통	잘함 / 보통

상호 평가표

독서동아리가 조직된 지 얼마 되지 않은 시점에는 서로를 평가한다는 것 자체가 불편하게 느껴질 수도 있습니다. 편안한 분위기에서 조언을 주고받을 수 있으려면, 독서동아리가 구성되고 시간이 어느 정도 흘러 아이들끼리 서로의 성향을 알고 이해의 폭이 넓어진 시기에 진행하는 것을 추천드립니다.

엉망진창 맞춤법,
하나하나 고쳐 줘야 할까요? ___

초등 저학년일수록 맞춤법을 많이 틀립니다. 너무나 눈에 띄기에 고쳐 주고 싶은 마음이 굴뚝같습니다. 하지만 맞춤법을 지적하는 빨간 펜 선생님이 되기 시작하면 아이들이 글쓰기에 흥미를 잃어요. 그래서 저는 저학년 때까지는 맞춤법을 언급하지 않았습니다. 맞춤법은 학교의 국어 수업과 받아쓰기 연습에 맡기기로 하고, 저는 아이들이 책의 재미에 빠질 수 있게 하는 데 초점을 맞추었습니다.

그러다 3학년이 되면 국어 교과서에도 문법 규칙들이 등장하기에 맞춤법을 조금씩 잡아 주기 시작했습니다. 주로 아이가 반복적으로 틀리는 것이나 교과서에서 다뤄진 내용을 언급하며 지적은 최소화하려고 노력합니다. 맞춤법은 학교에서 배우는 동시에 계속 책을 읽는 동안 자연스럽게 나아집니다. 가정독서동아리에서만큼은 아이 글에서 발견되는 틀린 맞춤법은 잠시 밀어 두고 글에 담긴 아이의 생각을 먼저 들여다보길 바랍니다.

4장

문해력 상승 환경을 만드는 가정독서동아리 운영 노하우

아이들과 읽을
좋은 책 고르는
세 가지 방법

　가정독서동아리 활동을 생각할 때 걱정되는 것 중 하나가 '어떤 책을 선정할 것인가'입니다. 아이들에게 도움이 될 의미 있는 책을 골라야 한다는 생각에 부담이 커지죠. 가정독서동아리에서 활용할 책을 쉽게 고르는 방법은 이미 2장에서 다루었죠. 이미 잘 만들어진 책을 참고해도 된다는 얘기와 함께 몇 권을 추천했는데, 짬이 나지 않거나 아직 책을 직접 고를 엄두가 나지 않는다면 이 책들을 참고해서 운영하면 됩니다. 다만 엄마에게 조금 여유가 있을 때, 몸과 마음이 건강할 때, 조금 더 욕심을 내고 싶을 때는 다음과 같은 방법으로 좋은 책을 골라 보기를 추천합니다.

추천 도서, 권장 도서 목록을 똑똑하게 이용하기

앞서 소개한 책들이나 권장 도서 또는 추천 도서 목록을 찾아보면 좋은 책들을 많이 만날 수 있습니다. 아이들의 연령과 발달 수준에 맞게 추천해 놓은 책들임은 분명하지만, 그것이 내 아이에게 딱 맞아떨어지지 않을 수도 있습니다. 초등 저학년 추천 도서도 상당수는 글밥이 꽤 있는 문고판이거든요. 저학년은 책의 제목을 바탕으로 내용을 추측해 보거나, 책 속 상황에 적절한 질문을 던지고 답을 찾는 과정을 거치며 책의 내용을 능동적으로 구성해 가는 연습이 필요한 단계입니다. 그래야 고학년이 되어 글밥이 있는 책을 읽을 때도 스스로 질문을 던지고 답을 찾아가며 의미를 머릿속으로 정리할 수 있거든요. 그래서 수업 중 책을 읽어 주고 활동까지 하려면 글밥이 적은 그림책이 더 적절합니다.

100퍼센트 엄마의 주관으로 책을 고르는 건 엄두가 나지 않고 추천 도서 목록에 있는 책이 아이의 수준이나 흥미에 맞을지 몰라 걱정이 되는 상황이라면 직접 확인해 보고 고르길 권합니다. 추천 도서나 권장 도서 목록을 들고 도서관이나 중고 서점을 방문해서 직접 살펴보세요. 대형 서점은 아이들 책에 비닐을 씌워 놓아서 내용을 살펴보기 어렵기에 저는 도서관이나 중고 서점을 가는 편입니다. 이 핑계로 주말에 온 가족이 도서관이나 중고 서점을 찾곤 하는데요. 가족이 함께하니 아이들도 별다른 저항 없이 책을 읽고, 저도 도서 목록에 있는 책들의 내용을 살펴볼 수 있다는 장점을 동시에 누릴 수 있습니다.

직접 책 내용을 보면서 결정한다면 보편적으로 인정받은 책 중에서도 아이들의 흥미를 고려한 책을 선정할 수 있습니다. 책을 고를 땐 추천 도서나 권장 도서 목록의 책 중 그림책 또는 글밥이 적으면서 아이들에게 읽힐 만한 책으로 선정하면 됩니다.

아이들이 성장하는 순간순간과 맞물리는 책 고르기

가정독서동아리 활동이 아이들에게 도움이 되려면 아이들의 경험과 책의 내용이 긴밀히 연결되어야 합니다. 책 내용이 책 속 세상에만 머무는 게 아니라 자기 삶과 맞닿아 있다고 여길 때 아이들은 책에 더 관심을 기울이고 흥미를 느낍니다. 저는 책을 선정할 때 일주일에 한 번씩 e알리미로 오는 '주간학습안내'와 학년 초에 안내하는 '학사일정', 달력에 적혀 있는 공휴일을 자주 들여다봅니다. 선생님이 알림장에 써 주시는 내용을 참고하기도 하고요.

주간학습안내를 통해 아이가 한 주 동안 배울 수업 중 책이 수록되어 있다면 그 책을 미리 읽어 보기도 합니다. 국어 교과서에 수록되는 책들은 대부분 전문이 실리지 않아 아이들이 수업 때 일부 내용만 읽는데, 만약 전체 내용을 미리 읽는다면 수업을 이해하는 데 훨씬 도움이 되겠죠. 다만, 이런 경우에는 교과서 활동과 똑같은 방식으로 진행하지 않습니다. 자칫 선행학습이 되어 버려서 학교 수업을 소홀히 할 가능성이 있기 때문입니다.

'독도의 날'이 있는 10월의 학사일정을 보면 '독도 사랑 주간'을 운영한다고 쓰여 있습니다. 초등 6년 내내 이 시기엔 독도와 관련된 계기 교육(학교 교육과정에 포함되지 않은 특정 주제의 교육)도 하고 글쓰기나 만들기 활동도 하죠. 이럴 때는 《독도가 우리 땅일 수밖에 없는 12가지 이유》(윤문영 글·그림, 단비어린이)와 같이 독도와 관련한 책을 함께 읽고, 독도가 영토 분쟁의 대상이 된 상황이나 관련 역사를 함께 살피면서 글로 정리해 볼 수 있습니다. 은근슬쩍 반크(VANK, 한국을 알고 싶어 하는 외국인들과 한인 동포·입양아들에게 이메일로 한국의 모든 것을 알려 주는 자원 봉사자들의 모임)의 활동을 소개하면서 평범한 개인도 외교사절단 역할을 할 수 있다는 것도 이야기해 줄 수 있습니다. 어려울 수 있는 내용이지만 의외로 아이들이 흥미롭게 접합니다. 그 이유는 학교에서도 계속 배우기에 어느 정도는 익숙하기 때문이지요.

달력의 공휴일도 신경 써서 보는데, 추석이나 설날이 되면 아이들이 조부모님을 뵈러 가죠. 조부모님의 따뜻한 사랑을 아이들이 당연하게 받아들여서인지 감사한 마음을 표현하는 일이 드뭅니다. 이럴 때 《오른발 왼발》(토미 드 파올라 글·그림, 정해왕 옮김, 비룡소) 같은 책을 읽고 조부모님의 따뜻한 사랑을 떠올리며 편지를 쓴 뒤, 명절에 직접 편지를 전달하는 미션을 주기도 합니다.

학기 초의 긴장 상태가 풀어지면, 학급에서는 아이들 사이에서 갈등이 벌어지곤 합니다. 아이의 알림장에 '친구끼리 서로 양보해요.', '친구를 때리지 않아요.'와 같은 메시지가 적혀 있죠. 그럴 때는 《짜장 짬뽕 탕수육》처럼 친구를 괴롭히는 아이가 있을 때 어떻게 대처하는지를 보여 주는 책을 함께 읽으면서 경험을 나눠 봅니다.

이렇게 아이가 생활 속에서 경험하는 것과 연결할 수 있는 책을 선정합니다. 아이들과 활동하다 보면 '지금은 이런 책이 필요하겠다!'라는 생각이 드는 순간들이 있습니다. 그 생각을 바탕으로 다음 주에 읽을 책을 선정하기도 합니다.

예를 들어 "남자는 이래야 해, 여자는 이래야 해."와 같이 성역할에 대한 고정관념을 드러내는 말이 부쩍 많이 들릴 때는 《오, 미자!》와 같이 성역할에 대한 고정관념을 해소해 줄 수 있는 책을 읽고 함께 활동했습니다. 노력의 과정보다는 결과를 중시하는 말을 많이 하는 모습을 보일 때는 《내가 일등이야!》(소피 헨 글·그림, 최용은 옮김, 키즈엠), 《오싹오싹 크레용!》과 같은 책을 읽고 함께 대화를 나누면서 결과보다 과정이 더 중요하다는 것을 알려 주기도 했고요. 환절기에 감기 걸린 아이들이 많아서 여기저기 코를 훌쩍이는 소리가 많이 들릴 때는 감기와 관련된 《콜록콜록 감기에 걸렸어요》(조애너 콜 글, 브루스 디건 그림, 비룡소)를 읽혔어요. 백혈구와 항체, 바이러스의 관계나 백신의 기능을 자기 몸에서 일어나는 변화와 연결 지어 흥미롭게 이해할 수 있어서 재미있거든요.

이렇게 상황에 따라 책을 선정하면 아이들이 책 내용에 더 흥미를 갖게 되는 것은 물론 더 쉽게 이해하고 잘 기억하게 됩니다. 이런 방식의 독서 활동은 학원에서는 불가능하죠. 아이들의 변화에 집중할 수 있는 엄마표 가정독서동아리만이 할 수 있는 일입니다.

체험활동과의 연계를 고려하여 책 고르기

아이에게 다양한 체험활동 기회를 주기 위해 많이 노력하시죠? 엄마의 의욕과 달리 정작 아이는 관심이 없어서 전시나 공연을 관람하는 내내 아이와 실랑이하다가 끝난 경험이 한 번쯤은 다 있을 거예요. 이런 일을 줄이고 제대로 체험활동을 하게 하려는 욕심을 담아 체험활동과 연계된 책을 선정하기도 합니다. 엄마들께는 "이런 전시가 있는데, 책을 읽고 전시도 가 보면 좋을 것 같아서 관련된 독서 활동을 진행하려 해요. 전시에 가 보실 예정이라면 참고하세요."라고 미리 말씀드리죠. 전시를 가지 않고 책만 보더라도 충분히 의미가 있기에 일정에 참고하라는 정도로만 말씀드립니다.

백희나 작가의 그림책 전시가 있었을 때는 아이들과 백희나 작가의 그림책들을 보기도 하고, '폼페이 유물전'이 있었을 때는 폼페이와 관련된 책을 읽으며 화산이 폭발하는 원리를 함께 살펴보기도 했습니다. 마침 과학 교과서에도 '지진과 화산'을 다루고 있어서 그 부분을 함께 정리해 보기도 했고요. 당시 초등학교 1학년과 3학년이었던 아들들에겐 다소 지루한 전시였을 수도 있는데, 미리 충분히 이야기를 나누고 갔더니 중간에 지루하다거나 나가고 싶다는 이야기 없이 끝까지 관람해서 놀라기도 했습니다. 이렇게 책과 체험학습을 연계하면 체험학습 효과를 높일 수 있다는 장점이 있습니다.

활동에 필요한 책을
매번 모두가 사야만 하나요? ──

보통 1~2주에 걸쳐 책 한 권을 읽으니 활동할 때마다 책을 사야 한다면 경제적으로 부담이 될 겁니다. 모임을 운영하는 엄마로서 다른 분들께 경제적 부담을 지게 하는 만큼 더 좋은 책을 선정해야 한다는 압박감을 느낄 수도 있고요. 늘 좋은 책을 고르려 애쓰지만, '돈'이라는 것이 끼어들면 생각이 복잡해지는 것은 어쩔 수 없으니까요. 게다가 책을 구매할 시간을 드려야 하니 아이들 관심사나 학사일정 등에 따라 독서 일정을 융통성 있게 바꾸기도 어렵습니다.

그래서 저는 읽을 책이 그림책인지 글밥 책인지에 따라 다음과 같이 진행합니다.

- **그림책:** 저학년 때 주로 읽는 그림책은 글밥이 적기 때문에 제가 가운데에서 아이들을 향해 직접 읽어 주고, 아이들은 제가 읽어 주는 책을 보는 방식으로 진행한다고 말씀드렸죠. 그러니 다른 아이들은 굳이 책을 사지 않아

도 됩니다. 운영자만 책을 구매하거나 빌려서 준비하면 됩니다.

- **글밥 책:** 학년이 올라가면 글밥이 있는 책을 읽는 빈도가 늘어나는데, 이 경우는 제가 독서동아리 시간에 모두 읽어 줄 수가 없어서 책을 준비해 오게 합니다. 이때는 책을 부모님들께 미리 공지해서 구매하거나, 도서관에서 빌릴 수 있는 시간 여유를 드립니다. 글밥 책과 그림책을 번갈아 진행하면 책을 미리 준비할 시간적 여유가 있는 편입니다. 5학년부터는 글밥 책 위주로 활동하게 되지만 생각할 거리나 토론할 거리가 많아질 테니 한 권의 책으로 활동하는 데 2~3주 정도 소요될 거예요. 그러니 한 권을 마치는 동안 다음 책을 준비하는 데 시간적 여유는 충분합니다.

아이들의 수준별 '독서활동지' 제작 공식

아이들과 가정독서동아리를 할 때 독서 활동지는 꼭 필요합니다. 방향성을 잃지 않고 독서 활동을 체계적으로 진행하게 해 주는 도구지요. 활동지를 준비하는 방법으로는 다음의 세 가지가 있습니다. 초급, 중급, 심화 세 단계에 따라 활동지를 만들 수 있는 공식을 소개할 테니 그냥 따라 하면 된답니다.

[초급]
만들어져 있는 독서 활동지 그대로 사용하기

이 방법은 그냥 인쇄만 하면 되므로(2장 참조) 가장 간편합니다. 이것만 해도 충분하지만 활동을 지속하다 보면 아이들 수준에 맞지 않거나 굳이 하지 않아도 되는 활동, 크게 도움이 될 것 같지 않은 활동이 눈에 들어올 거예요. 다른 활동을 추가하고 싶다는 생각이 들기도 하고요. 그럴 땐 가정독서동아리 운영자로서 조금 더 성장했음을 마음껏 기뻐하며 중급 버전에 도전합니다.

[중급]
만들어져 있는 독서 활동지 변형하기

중급 방법은 만들어진 독서 활동지에 아이들 수준보다 어려운 활동이 있는 경우, 아이들이 굳이 하지 않아도 되는 활동이 있는 경우, 마음에 들지 않는 활동이 섞여 있는 경우 등의 상황에서 사용할 수 있어요. 다음의 방법 중 적절한 것을 선택합니다.

• 해당 활동 제거하기
• 쉬운 활동으로 대체하기
• 문제의 원인을 파악하여 수정하기

아이들과 맞지 않는 활동을 '제거'하는 첫 번째 방법이 가장 쉬운데, 너무 많은 활동을 제거하다 보면 남는 활동이 별로 없는 안타까운 상황이 벌어질 수 있어요. 이럴 때는 쉬운 활동을 찾아 채워 넣는 '대체' 방법을 택할 수 있습니다. 하지만 다양한 독서 활동지가 충분히 공유되고 있는 유명 도서가 아니라면 대체 활동을 찾

지 못할 수도 있어요. 이럴 때는 제시된 활동을 사용하지 못하게
된 원인을 파악해서 수정하면 됩니다.

제시된 활동을 그대로 사용하기 어려워진 원인에는 여러 가지가
있을 텐데, 원인에 따라 다음과 같이 수정합니다.

- **답만 찾아 적어 내려가야 해서 지겹게 느껴지는 경우**: 제한 시
  간 안에 답을 다 찾아 적어야 보상을 준다는 조건을 제시함
  으로써 아이들이 조금 더 흥미를 느끼게 하기.
- **활동에 사용된 용어가 어려운 경우**: 용어의 뜻을 따로 적어 주
  거나 쉬운 말로 바꿔 주기.
- **글쓰기 활동이 너무 많은 경우**: 글쓰기 예시를 미리 적어 주
  고, 키워드를 빈칸으로 뚫어 놓아 빈칸 채우기 활동을 할 수
  있게 바꿔 주기.
- **토의나 토론 활동이 많아 아이들이 힘들어하는 경우**: 책 내용
  에 대한 토의나 토론 사례를 제시하고, 제시된 사례에 자신
  의 의견을 덧붙여 말하는 정도로 수준 낮춰 주기.

[심화]
독서 활동지를 새롭게 만들어 사용하기

너무 많은 수정이 필요해서 아예 독서 활동지를 새로 만드는 게
더 낫겠다는 생각이 들거나 해당 책의 독서 활동지를 찾지 못했을

때는 심화 방법에 도전해 보세요. '차라리 내가 아이들에게 딱 맞는 독서 활동지를 만들어 볼까?' 하는 생각까지 했다면 가정독서동아리를 운영할 자격이 차고 넘치는 사람이 되었다, 다시 말해 심화 단계에 올랐다는 의미인 겁니다.

독서 활동지를 제작하는 일을 너무 두려워하지 않아도 돼요. 사실 3장에서 이미 단계별로 활동지를 어떻게 채우면 좋을지도 모두 설명해 드렸답니다. 3장의 내용을 정리해 보면 다음 표와 같습니다.

읽기 전 동기 유발 제대로 하기	배	배경지식 활성화	△
	표	표지 그림에 주목하기	△
	제	제목의 의미 생각하기	△
	작	작가가 누군지 알아보기	△
읽는 중 책 속으로 깊이 이끌어 주기	독	챕터별로 나누어 독서	×
	쓰	챕터별로 읽은 내용 점검하는 쓰기 활동	○
	대	대화를 통해 읽은 부분에 대해 생각 나누기	△
읽은 후 성장을 도와주는 독후 활동 전략	이	이해하고 있는지 확인하는 활동 하기	○
	생	생각을 심화시킬 수 있는 질문을 던져 대화 나누기	○
	글	글쓰기를 통해 책에 대한 이해의 깊이 심화하기	○

○: 활동지에 넣음
△: 상황에 따라 활동지에 넣기도 하고 안 넣기도 함
×: 활동지에 넣지 않음

'심화' 버전의 활동지를 만들 때는 표의 맨 오른쪽을 참고해 주세요. 읽기 전, 읽는 중, 읽은 후에 따라 적절한 활동들로 내용을 구성하면 독서 활동지를 쉽게 만들 수 있습니다.

초급, 중급, 심화 단계 중 어떤 방식을 선택하든 중요한 것은 아이들의 수준과 주어진 활동 시간에 맞춰서 독서 활동과 활동지를 준비해야 한다는 것입니다. 물론 늘 계획대로 활동이 끝나거나 목표한 바를 이루는 것은 아니지만, 방향성 없이 진행하는 활동으로는 독서 활동의 효과를 제대로 얻기 어렵기 때문이죠. 가정독서동아리가 안정적으로 운영되기 위해서는 엄마가 지치지 않고 지속할 수 있는 시스템이 중요하므로, 처음에는 감당할 수 있는 수준에서 시작하되, 결국 기준은 '아이들'이 되어야 함을 기억해야 합니다. 그러면 차근차근 내공이 쌓여 가는 것을 분명히 느낄 수 있을 거예요.

집중력의 원천
'간식' 준비의
모든 것

아무리 함께 모여 책 읽기를 좋아하는 아이라도 "오늘은 어떤 책을 읽을까? 책 읽을 생각을 하니 정말 설레."라고 얘기하는 경우는 별로 없을 거예요. 독서 활동을 지속하려면 일종의 당근이 필요한데, 그게 바로 간식입니다. 성인들도 어딘가에 모여 대화를 나누거나 강의를 들을 때 간식이 준비되어 있으면 긴장이 풀리고 편안한 느낌이 들죠. 아이들도 마찬가지입니다. 들어오자마자 가장 먼저 확인하는 것이 오늘의 간식이거든요.

가정독서동아리 활동의 본질이 간식은 아니시만, 분위기를 훨씬 말랑하게 해 주고 쉬는 시간 없이 1시간 30분 동안 진행되는 활동을 아이들이 견디게 해 주는 원천이기도 합니다. 가끔 책이 지루하고 재미없을 때도 간식을 오도독 씹으며 한 줄 한 줄을 읽고, 혹시나 졸음이 찾아와도 간식을 와작와작 씹으며 잠을 쫓을 수 있습니다.

'설마 그 간식도 가정독서동아리를 운영하는 엄마가 준비해야 하는 건가?' 하는 궁금증이 생길 거예요. 내 아이와 아이 친구들이 먹는 것이니 한두 번이야 준비해 줄 수도 있지만, 매번 준비하는 것은 큰 부담이 됩니다. 번거로움은 둘째치고, 금전적으로 부담이 되죠. 그러면 가정독서동아리를 계속 이어 나가기 힘들어집니다. 앞에서도 말씀드렸듯이 돈과 관련한 부분에서는 찝찝함이 없어야 합니다.

그래서 저는 활동을 시작하기 전에 함께하는 엄마들께 말씀드렸어요. 제가 수업을 진행하고, 활동지 인쇄용 종이나 잉크 등의 소모품, 문구류 등을 계속 준비하니 간식은 저를 제외한 다른 엄마들이 준비해 주면 좋겠다고요. 돈과 관련된 것이라 이런 말씀을 꺼내기가 조금 민망했지만, 오히려 엄마들은 완전히 무료로 수업을 듣는 것이 부담스러우셨던 차에 무언가를 보탤 수 있어 더 마음 편안해하는 걸 느낄 수 있었습니다. 저 역시 돈을 받는 것이 아니라 함께하는 아이들이 먹을 간식을 받는 것이기 때문에 조금은 쉽게 말씀드릴 수 있었고요. 그러면 구체적으로 어떻게 이야기했고, 간식 준비는 어떻게 하는 것이 좋은지 이야기해 볼게요.

뚝딱뚝딱 간식 공장
가동법 5단계

1단계: 간식 금액, 준비 순서 정하기

간식을 보내 달라고만 말씀드리면 그때부터 엄마들은 눈치 게임을 해야 합니다. 매번 얼마나 보내야 하는지, 금액은 어느 정도에 맞춰야 하는지, 다른 엄마는 무얼 보내는지 등을 신경 써야 하죠. 그래서 저는 처음부터 딱 정해 드렸습니다. 아이들이 기분 좋을 정도로 먹는 것이라 너무 많을 필요 없으니 간식 금액은 각자 한 달에 딱 1만 원으로 하자고요. 매달 보내는 것도 번거로운 일이기 때문에 순서를 정해서 돌아가며 보내 달라고도 말씀드렸어요.

예를 들어 가정독서동아리 구성원이 네 명이면 3개월에 한 번씩 3만 원에 맞추어 보내면 됩니다. 그러면 한 달에 1만 원이 되는 거죠. 저를 제외한 세 명의 엄마가 보내 주므로 '1월(A 엄마)-2월(B 엄마)-3월(C 엄마)'의 순서로 하는데, 3개월이 지난 4월엔 다시 A 엄마가 간식을 보내는 거죠.

바쁜 일상에서 간식 보내는 일정을 잊을 수도 있으므로 단체 채팅방에 공지 사항으로 설정하면 놓치지 않을 수 있습니다.

2단계: 간식 종류 정하기

처음에는 간식을 준비해야 한다는 사실만 생각했을 뿐 어떤 간식이 적절한지에 대한 생각은 없었어요. 다른 엄마들도 마찬가지였습니다. 처음엔 에어프라이어로 조리해야 하는 회오리 감자나 팝콘 치킨, 얼려 먹는 젤리 아이스크림을 보내 주셨어요. 모두 아이들이 좋아하는 간식이지만, 미리 조리를 해야 하는 번거로움이 있었어요. 또 활동할 때 활동지에 기름이 많이 묻는다든지 한 손에 계속 들고 있어야 한다든지 해서 방해가 되더라고요. 그래서 보내 주면 좋은 간식과 그렇지 않은 간식을 알려 드렸습니다.

이런 간식이 좋아요	이런 간식은 피해 주세요
개인이 먹기 좋게 낱개 포장된 것이 좋아요. 과자가 남더라도 하나하나 보관할 수 있으니까요. 음료는 1인분의 멸균 팩에 담긴 것이 좋아요. 상온에서 보관할 수 있어 개봉하지 않은 것은 다음에 먹을 수 있습니다.	한 봉지에 들어 있는 양이 많은 봉지 과자는 먹다가 남으면 버려야 해요. 1리터 이상의 페트 음료는 한 명 한 명 따라 주어야 하고, 남으면 버리게 됩니다. 따로 조리가 필요한 간식은 미리 준비하기 번거롭고 아이들이 활동하며 먹기가 불편합니다.

그리고 시간이 지나다 보면 아이마다 좋아하는 간식과 싫어하는 간식이 파악됩니다. 간식을 보낼 시기가 되면 그때마다 엄마들께 다음과 같이 안내해 드렸어요.

"아이들이 간식 중 ○○○를 잘 먹더라고요."

"아이들이 □□□는 잘 안 먹더라고요."

"△△△는 아직 많이 남아서 이번 달엔 안 보내 주셔도 돼요."

아이들 취향과 간식 재고량을 반영하기 때문에, 특정 간식이 너무 많이 남거나 부족해지지 않고 한 달 단위로 적절하게 채워지고 비워지길 반복하고 있습니다.

3단계: 들어온 간식 사용하기 좋게 정리하기

보통은 간식이 택배로 들어오므로 한 달에 한 번씩 도착하는 간식들의 포장을 뜯어 가지런히 정리합니다. 사탕류, 젤리류, 개별 포장된 과자류 등을 미리 분류해 두면 가정독서동아리 활동이 있는 날 종류별로 꺼내 접시에 담기 좋아요. 수납장의 한 칸을 정해 안 보이게 쟁여 두면 깔끔하게 정리됩니다. 집에 늘 간식이 있어서 이 간식들을 자꾸 먹으려는 제 아이로부터 간식을 지킬 수 있는 효과도 있습니다.

4단계: 활동마다 개인 접시에 정확히 나누어 담기

아이들이 어릴수록 간식에 민감하므로 이왕이면 똑같은 접시에 똑같은 양을 담아 주는 게 좋습니다. 괜히 활동하기도 전에 간식 때문에 아이들 사이에 작은 말다툼이 생기는 일은 막아야 하니까요. 이런 차원에서도 하나씩 개별 포장된 간식들로 구성하는 게 수량을 맞추기 편해서 더 좋아요. 간식은 최대한 정확히 나누어 담고, 아이들이 오기 전에 책상 위에 올려 둡니다. 더운 여름철엔 멸균 팩에 있는 음료를 미리 냉장고에 넣어 두었다가 꺼내 주는 센스 한 방울 추가해 주세요.

만약 간식 공장 가동법 2단계~4단계까지의 과정도 번거롭고 힘들 것 같으면 간식들을 골고루 섞어 한 봉지씩 묶어서 파는 제품을 아이들 수만큼 주문하는 것도 방법입니다. 인터넷 쇼핑몰에 '어린이집 간식 세트'를 검색하면 다양한 가격대의 간식 꾸러미들이 나오는데, 따로따로 구매하는 것보다는 비싼 편이지만 따로 정리할 필요가 없어 간편합니다.

5단계: 간식 먹을 때의 규칙 정하기

아이들과 사전 만남을 가지면서 가정독서동아리의 규칙을 안내할 때 간식에 관한 규칙도 설명한 뒤, 수시로 상기해 줍니다. 아이들이 한 번에 잘 알아듣고 지키는 것이 아니므로, 자기도 모르게 어길 때마다 언급해 줍니다. 그냥 말하면 잔소리가 되지만 "우리가 지켜야 할 간식 규칙이 뭐가 있었더라?" 하고 직접 떠올리게 해주면 조금 더 부드러운 분위기 속에서 아이들이 규칙을 지켜 나갈 거예요.

저는 다음의 규칙들을 아이들에게 이야기해 주고 있습니다.

① 간식을 입에 넣고 말하지 않아요. 간식이 튈 수 있고 보기에도 좋지 않답니다.
② 간식 교환은 활동 시작 전에 끝내도록 해요. 활동 중에 교환하면 활

동에 방해가 돼요.

③ 다 먹은 뒤 쓰레기는 쓰레기통에 바로 집어넣어요. 책상 위를 깔끔하게 지켜 주세요.

④ 뚜껑이 있는 음료를 먹지 않을 때는 꼭 뚜껑을 닫아 두어요. 흘리면 활동지가 다 젖어 버려요.

⑤ 자신의 활동이 늦어져 친구들이 기다리고 있을 때는 간식을 먹지 않아요.

규칙을 보면 이런 규칙이 왜 생겼는지 웬만하면 알 것 같은데, ②번과 ⑤번은 약간 설명이 필요해요.

접시에 간식을 담을 때는 무조건 똑같이 나누기 때문에 아이들의 접시엔 자신이 좋아하는 간식과 그렇지 않은 간식이 섞여 있을 때가 있습니다. 그래서 아이들이 활동하는 도중에 "나 ○○ 안 먹는데, 내가 ○○ 줄 테니 나한테 △△ 줄래?" 하면서 교환하기도 하더라고요. 활동에 집중해야 하는데 간식을 교환하는 거예요. 그래서 아예 활동을 시작하기 전, 자리에 앉았을 때 1~2분 정도의 여유를 주고 그 시간에 간식을 교환하게 했어요. "간식을 교환할 사람들은 지금 교환하자. 이따 활동할 때는 교환하지 않는 거야."라고 이야기해 주면서요. 이렇게 만들어진 ②번 규칙이 지금은 아이들에게 루틴이 되어서 도착하면 가장 먼저 와자지껄 즐겁게 간식 교환 잔치를 한바탕 열고 나서 활동을 시작하고 있습니다. 자신이 원하는 간식들로 채워진 간식 접시와 함께요.

⑤번 규칙이 생긴 이유는 친구들은 이미 글쓰기 활동이나 내용 정리 활동을 다 마치고 기다리고 있는데, 다 못 마친 아이가 간식을 먹는 데만 집중하는 경우가 있어서입니다. 평소엔 자유롭게 간식을 먹지만, 자기를 기다리는 사람들이 있을 때는 기다림의 시간을 줄여 주기 위해 노력하는 게 예의임을 가르치기 위해 만든 규칙이에요.

이렇게 규칙을 계속 알려 주고 함께 지키면, 평화롭고 맛있는 독서동아리 시간이 된답니다.

PLUS TIP

활동 중 속도가 느린 아이, 얼마나 기다려 줘야 할까요? ──

비교적 속도가 느린 아이가 있습니다. 이런 아이에겐 마지막으로 몇 분만 더 준다고 이야기하고, 추가 시간을 줍니다. 타이머가 울리면 그때까지 진행한 것을 마무리하고 다음 활동으로 넘어갑니다.

가정독서동아리에서 진행하는 활동은 학교의 시험과는 성격이 달라서 완전히 몰라 답을 쓰지 못하는 경우는 거의 없습니다. 다만 어떤 내용에 대한 자기 생각을 쓸 때, 생각을 시작하고 글로 적기까지 걸리는 시간이 무척 오래 걸리는 친구들이 있습니다. 또는 글씨를 한 자 한 자 너무 공들여 쓰느라 진행이 안 되는 친구들도 있고요.

초등학교에서도 받아쓰기, 단원 평가, 성취도 평가 등 다양한 시험이 존재하는데, 이럴 때 특정 친구에게 시간을 마냥 허용하지는 못합니다. 전체적인 활동을 고려하여 합리적이라고 생각하는 시간을 주고, 아이가 너무 늦어지는 경우엔 모든 친구가 계속 기다릴 수 없음을 이야기해 줍니다. 그러면서 "다 못 적은 내용은 친구들의 발표를 들으며 힌트를 얻어 보자.", "함께하면서 같이 적어 보자."라고 이야기해 주세요.

항상 늦는 친구가 있다면 원인을 파악하는 게 좋아요. 쓰기가 느려서인지, 머릿속 내용을 글로 옮기는 데 어려움을 겪어서인지 등에 따라 적절한 해결책을 제시해 주면 좋습니다.

가정독서동아리에
최적화된 '공간'
준비하기

    지금 집을 한 번 쭈욱 둘러볼까요? 이곳에서 가정독서동아리를 운영하기 가장 적절한 장소는 어디일까요? 집에 따라 최적의 장소가 거실일 수도 있고, 방일 수도 있습니다. 어디를 선택하든 앞으로 아이들이 도착했을 때 곧바로 활동을 진행할 수 있도록 최적화된 공간이어야 합니다.

    지금부터 가정독서동아리에 최적화된 공간을 구성해 볼까요?

집중을 방해하지 않고 안정감을 줄 수 있는가?

아이들의 주의 집중력은 성인에 비해 낮습니다. 아직 주의력 조절 능력이 발달하지 않아 주변 자극 하나하나에 민감하게 반응하기 때문에 집중력을 오래 유지하기 어렵거든요. 그렇기에 가정독서동아리를 하는 공간에서는 아이들의 주의 집중력을 빼앗아 갈 것들, 독서 활동을 방해하는 것들을 최소화해야 합니다. 아이들이 좋아하는 장난감, 호기심을 유발하는 물건이 많지 않은 공간이어야 하죠. 활동 공간에 장난감이 가득 채워져 있지는 않은지, 게임기가 보이지는 않은지 등을 생각해 보세요. 아이들에게 유혹적이지 않은 물건들로 채워져 있는 공간이 적절합니다.

아이들의 집중력을 앗아 가는 것들을 빼냈다면, 이제는 집중력을 높일 차례입니다. 아이들은 심리적으로 안정감을 느낄 때 상대적으로 더 잘 집중할 수 있습니다. 깔끔하게 정리된 환경은 아이들에게 심리적 안정감을 줍니다. 독서동아리 활동을 위해 채워 넣을 물건들을 앞으로 소개할 텐데, 그런 물건들도 최대한 깔끔하게 정리하고 늘 원래 있던 자리에 두어야 공간의 안정감을 확보할 수 있습니다. 아이들이 매주 독서동아리 공간으로 들어올 때마다 물건이 어수선하게 놓여 있지 않게 해 주세요. 아이들의 작고 소중한 집중력을 독서 활동에 온전히 쓸 수 있게 해 줘야 합니다. 청소를 하더라도 늘 어수선할 수밖에 없다면 불가피한 경우를 제외하고는 가정 내에서 가장 안정감을 높일 수 있는 곳을 활동 공간으로 선택하길 바랍니다.

저는 거실을 아이들과의 활동 공간으로 정했는데, 사방을 둘러봐도 모두 책만 있는 환경입니다. 물건은 상당히 많지만 주로 책뿐이라서 아이들의 집중력을 앗아 갈 만큼 호기심을 끌지는 않아요. 아이들이 오기 전 거실에 나와 있는 장난감들을 모두 치우고, 장난감 방의 문까지 딱 닫고 난 상태로 아이들을 맞이합니다.

집에 책이 많지 않아도
괜찮을까?

가정독서동아리를 운영한다고 하면 집에 책이 많아야 한다고 생각할 수 있지만, 실제로 3년을 운영해 보니 집에 있는 책의 양은 중요하지 않더군요. 아이들과 활동할 책이 그날 아이들과 있는 공간에 있기만 하면 됩니다.

물론 저의 집 거실은 서재화가 되어 있어서 가정독서동아리를 운영하는 집으로서의 분위기가 느껴지긴 해요. 하지만 책이 많다고 해서 활동을 더 열심히 하는 것도 아니며, 그 책을 아이들이 모두 꺼내 보는 것도 아닙니다.

한정된 시간 동안 한 권의 책을 가지고 활동한 뒤에 아이들은 놀고 싶어 합니다. 그러니 책이 많은 게 필수라고 생각하거나 책을 채워야 한다는 부담을 가질 필요는 없습니다. 책의 수보다 더 중요한 것은 한 권의 책만 있어도 즐겁게 활동할 수 있게 해 주는 허용적 분위기입니다.

활동의 필수품인 책상과 의자를 놓을 수 있는가?

아이들과의 활동을 위해 책상과 의자는 반드시 있어야 합니다. 저는 아이들의 체구가 작을 때 가정독서동아리를 시작했기 때문에 유아용 의자를 갖춰 두었습니다. 그리고 기존에 사용하던 책상이 이미 네다섯 명의 어린이와 함께 저도 같이 앉아 활동하기에 문제가 없는 크기였어요. 높이가 조절되는 것이라 아이들의 키가 자라도 오래 사용할 수 있었습니다. 의자는 새 상품을 사는 대신, 온라인 중고 마켓에 '유아 의자'를 키워드로 등록해 놓고 며칠을 기다려 무료로 나눠 주는 의자를 구했어요. 현재는 아이들의 몸이 컸기 때문에 책상 높이를 식탁 높이만큼 올리고, 유아 의자는 처분했습니다. 이번에도 식탁 의자를 온라인 중고 마켓에서 무료로 나눔 받아 이용하고 있어요.

식탁에서 활동하거나 상을 펼쳐 놓고 해도 되지만, 공간에 여유가 있다면 독서 활동 전용 책상을 준비하길 권합니다. 거실 책상은 독서 활동을 할 때도 사용하지만 가족들과 함께 지내는 공간으로도 유용하기 때문이에요. 저녁이면 엄마와 아빠까지 모두 한자리에 모여 책을 읽고, 대화를 나누고, 각자의 공부나 일을 하는 공간으로 사용하는 거죠. 부피가 큰 책상은 비싼 원목이 아니라면 무료로 나눔을 하거나 저렴하게 판매하는 곳이 꽤 많으니 중고 마켓을 잘 찾아보면 큰돈 들이지 않고 마련할 수 있답니다.

다음 표는 제가 책상과 의자를 선택하면서 고려했던 부분들입니다. 책상과 의자를 선택하는 데 참고가 되길 바랍니다.

구분	장점	단점
기존의 식탁과 의자 사용	• 추가 비용이 들지 않음.	• 주방이 학습 공간이 됨. • 저학년 아이들은 발이 바닥에 닿지 않아 안정감이 떨어짐.
바닥에 상을 펼쳐 놓고 사용	• 사용하지 않을 때는 접어서 한쪽에 치워 둘 수 있음. • 비용이 저렴하고 의자 구매 비용을 아낄 수 있음. • 거실이든 방이든 자유롭게 이동할 수 있음.	• 학습 시 허리나 다리가 아파 자세를 계속 바꿔야 하므로 집중력이 떨어질 수 있음. • 학습 자세가 구부정해질 수 있음.

유아용 책상과 의자 사용	• 책상과 의자 높이가 아이들의 신체 조건에 잘 맞아 활동을 진행하기에 적절함. • 가정독서동아리 활동을 할 때가 아니더라도 평소 아이가 다양한 활동을 하기에 좋음.	• 엄마가 앉아서 활동하기 불편함. • 기존에 없는 경우 구매해야 함.
일반 책상과 의자 사용	• 가정독서동아리 활동을 할 때가 아니더라도 평소 가족이 함께 모이기에 좋음.	• 기존에 없는 경우 구매해야 함. • 저학년 아이들은 발이 바닥에 닿지 않아 안정감이 떨어짐.
높낮이를 조절할 수 있는 책상과 의자 사용	• 발육 상태에 따라 높이를 조절할 수 있어 아이들의 신체 조건에 맞출 수 있음. • 아이들이 자라도 중간에 책상을 교체하는 비용 부담이 없음.	• 기존에 없는 경우 구매해야 함. • 일반 책상과 의자에 비해 가격이 비싼 편임.

동아리 장소로
집을 제공하는 것이 부담돼요 ___

개인적인 공간인 집에 주 1회씩 아이들을 오게 하는 것이 부담스러울 수도 있어요. 아이들이 어리다면 층간 소음에 대한 부담이 있을 수도 있고요.

집에서 안정적으로 활동하면 좋겠지만 가정이 아닌 공간에서도 가정독서동아리를 운영할 수 있어요. '공유누리' 홈페이지를 이용하면 소회의실을 무료로 대여할 수 있습니다. 저렴한 스터디룸 또는 회의실을 별도로 예약할 수 있는 카페를 이용하는 방법도 있습니다.

갖춰 두면
요긴한
'보조 도구'들

　아이들과 활동하기에 최적화된 공간을 구성했다면 이제는 활동을 구체적으로 도와줄 수 있는 물건들로 공간을 채울 차례입니다. 매번 바뀌는 '읽을 책', '활동지'를 제외하고 가정독서동아리 활동에 필요한 물품들엔 무엇이 있는지 소개하겠습니다.

　여기서 소개하는 것들을 모두 준비해야 하는 건 아닙니다. 저도 처음부터 전부 구비해 두고 사용하진 않았고 활동하면서 필요한 것을 하나하나 추가했거든요. 가정독서동아리 운영을 위해 꼭 필요한 물품과, 없어도 되지만 있으면 더 좋은 물품을 구분해서 설명할게요. 각각의 물건이 갖는 효과까지 함께 소개할 테니 어떤 것들을 준비할지 결정해 보세요.

이것만 있으면
일단 시작할 수 있어요!

가정독서동아리 활동에 필요한 기본적인 물품입니다. 이것만 있으면 바로 시작할 수 있습니다.

◦ 연필, 지우개, 연필꽂이

준비   연필과 지우개는 아이들이 직접 이름표를 붙여 준비해 오게 합니다. 운영자는 연필꽂이만 준비해 주세요.

사용   가정독서동아리용 연필꽂이에 연필과 지우개를 넣어 두고, 사용 후엔 아이들이 직접 정리하게 합니다.

교육적 효과   처음엔 제가 다 준비해 주고 함께 사용하게 했습니다. 그랬더니 자기 물건에 대한 책임감이 없어서인지 연필을 굴리거나 탁탁 쳐서 망가뜨리고, 지우개엔 낙서를 하거나 뜯기도 하더라고요. 이름표를 붙여 준 뒤, 자기 것이 망가지거나 없어지면 각자의 용돈으로 준비해야 한다고 이야기했습니다. 그 후 연필과 지우개를 잘 관리하기 시작하더라고요. 매일 사용하는 소중한 물건에 대한 책임감도 함께 키워 주세요.

∘ 칭찬스티커판과 칭찬스티커

준비. 스티커 대신 도장을 찍어도 됩니다.

사용 활동할 때 잘 보이는 곳에 붙여 두고, 아이들이 활동을 잘 해낼 때마다 하나씩 붙여 줍니다. 잘 보이는 곳에 두면 아이들이 스티커를 받기 위해 활동을 열심히 수행하는 효과가 있어요. 칭찬스티커는 두 가지 버전을 만들어서 사용했습니다.

개별	• 개인 활동을 잘했을 때 받을 수 있음. • 50개를 다 채우면 각자 엄마와 약속한 선물을 보상으로 받을 수 있음. • 보통 1회에 2~3개 스티커를 받을 수 있도록 활동을 구성하면 1개월에 10개, 5개월 정도에 한 판을 채울 수 있음. 5개월 동안 성실하게 임한 보상을 엄마와 아이가 함께 정하면 됨.
단체	• 독서동아리 구성원 모두 빠짐없이 활동을 잘 해냈을 때 받을 수 있음. • 보통 하루에 1~2개 정도를 받을 수 있으며, 독서 퀴즈 대회를 진행하는 날 가장 많이 획득할 수 있음. • 100개의 스티커를 모으는 데 1년 정도 소요됨. • 단체 스티커 보상은 다 같이 토의하여 정하는데, 대체로 캠핑, 키즈카페, 놀이공원 이야기가 나오므로 가족들이 모여 함께 놀 기회가 되기도 함.

교육적 효과 동기를 유발하는 데 효과적입니다. 긴 글을 쓰기 싫어하는 아이들에게 길게 쓸수록 스티커를 많이 준다고 약속하면 일단 긴 글을 생성하는 연습이 됩니다. 길게

써 오면 제가 피드백을 통해 다듬어 주는 과정을 거치므로, 길면서도 완성도 있는 글을 쓰게 됩니다.

단체 스티커를 부여하는 이유는 친구와 협력하는 일이 보상을 얻을 만큼 긍정적 행동이라는 인식을 주기 위해서입니다. 다 같이 성공적으로 과제를 마쳤을 때 스티커를 받는 기쁨을 느끼게 함으로써 함께하면 좋은 결과를 만들어 낼 수 있다는 긍정적인 경험을 계속하게 해 주고 싶었습니다. 단체 스티커를 다 모으면 함께 즐거운 추억을 쌓을 수 있으니 가정독서동아리에 소속감과 애정을 느끼며 활동을 이어 가게 하는 효과가 있답니다.

◦ 프린터

준비	집에 없다면 구매하길 권합니다.
사용	가정독서동아리에 필요한 활동지를 인쇄합니다. 매번 인쇄소에 가서 인쇄하는 것은 번거로울뿐더러 장기적으로 볼 때 비용도 많이 듭니다. 복잡한 기능이 많지 않은 프린터는 값이 비싸지 않은 편이며, 요즘엔 중고 마켓에서도 저렴하게 구입할 수 있습니다. 잉크가 소모품이라 부담된다면, 미리 활동지를 제작하고 아이들에게 인쇄해 오게 하는 방법도 있습니다.

다만 준비가 안 되거나 깜박하는 경우 수업을 진행하기가 어려우므로, 프린터를 구매하는 것이 마음의 건강에 도움이 될 거예요.

가정에서 자녀와 함께 공부하거나 학습 자료를 인쇄하는 데도 도움이 되므로 가정에 프린터는 꼭 준비해 두는 것이 좋습니다.

없어도 되지만, 있으면 편해요!

가정독서동아리 활동의 필수품은 아니지만, 준비가 되어 있으면 운영할 때 조금 더 편하답니다.

◦ 국어사전

준비　국어사전이 없다면 하나 정도는 구비하길 권합니다. 초등 3학년부터는 학교에서 국어사전으로 단어 찾는 연습을 합니다. 그러므로 꼭 가정독서동아리 때문이 아니더라도 집에 두고 친숙해질 수 있게 해 주면 좋습니다.

사용　아이들이 단어의 뜻을 물어보았을 때 바로 알려 주지 않고 사전을 찾아보게 합니다.

교육적 효과　단어의 뜻을 바로 알려 주는 것보다 아이들이 직접 찾아보면서 뜻을 이해하는 과정을 경험하게 해 주는 게 더 좋습니다. 사전을 찾은 아이에게 뜻을 읽어 보게 하여 다른 아이들도 들을 수 있게 해 줍니다.

여러 개의 국어사전이 있는 경우 누가 빨리 찾나 경쟁하게 하는 것도 아이들이 사전 찾기에 익숙해지는 데 도움을 줄 수 있습니다. 또한 사전마다 단어의 설명에 미묘한 차이가 있어서 그 부분을 비교해 보는 것도 흥미로운 학습이 됩니다.

◦ 타이머

준비　크기가 커서 시간의 변화가 잘 보이는 것이 좋습니다. 인터넷에 '대형 타이머'라고 검색하면 다양한 제품이 나올 거예요. 처음엔 작은 것을 썼더니 잘 보이지 않아서 아이들이 시계를 보려고 중간에 일어나기도 하며 집중하지 못하는 모습을 보였는데, 큰 것으로 바꾸고 나서는 그런 일이 없어졌습니다.

사용　활동 중 글쓰기 시간을 줄 때, 독서 퀴즈 대회를 진행할 때, 경쟁 활동을 할 때 주로 사용합니다.

교육적 효과 시간을 정해 놓지 않고 과제를 수행하면 아이들이 중간에 긴장감을 잃고 옆 친구와 이야기를 나누거나 시간 안배를 제대로 하지 못하는 경우가 생깁니다. 타이머를 활용하면 정해진 시간 안에 과제물을 완성하는 습관을 들일 수 있습니다.

◦ 클리어파일

준비 각자 하나씩 준비해 오도록 미리 말해 둡니다.

사용 매시간 발생하는 개별 활동지를 모아 두는 용도로 사용합니다. 파일에 넣어 두지 않으면, 활동지가 낱장으로 굴러다니다가 없어지기도 하고 찢어지기도 하거든요. 투명한 비닐 속지에 넣어 두면, 잃어버릴 염려도 없고 내용을 훑어보기에도 좋아요.

교육적 효과 활동지를 그냥 버리지 않고 계속 모아 두기 때문에 그동안 배운 것을 훑어보고 기억할 수 있습니다.

◦ 화이트보드

준비 비용 부담이 있으므로, 가정독서동아리뿐 아니라 평소에도 아이들과 활용할 예정이라면 구매하는 게 좋아요. 이왕이면 가로 120센티미터 이상 정도는 되는 것이 쓸모가 있습니다.

아이들이 아직은 맞춤법을 어려워하기 때문에 글을
쓰는 도중에 맞춤법 질문을 많이 합니다. 말로만 불러
주는 것에 한계가 있을 때 화이트보드에 적어 주고
쓰게 합니다. 그 외에도 활동지를 채울 때 화이트보드
에 적어 주면 글 쓰는 속도가 느린 아이들도 보고 적
는 데 도움이 됩니다. 화이트보드에 칭찬스티커판을
붙여 놓으면 활동을 열심히 하도록 동기를 불러일으
킬 수 있답니다.

아이들이 서로에게 설명하거나 발표하는 연습을 할
때 중요한 내용을 화이트보드에 정리할 수 있어요. 글
씨 쓰는 속도가 느린 아이들의 경우 화이트보드에 적
힌 내용을 참고할 수 있어서 불안감을 덜어 내고 자신
의 속도에 따라 진행할 수 있다는 것도 장점이랍니다.

◦ 독서 골든벨 정답판

작은 크기의 화이트보드로, 다이소에서 2,000원 정
도에 구매할 수 있습니다.

한 달에 한 번 정도 진행하는 독서 골든벨에서 징답
판으로 사용합니다. 길게 보면 스케치북이나 종이를
사용하는 것보다 경제적이고 편리합니다.

활동에 필요한 물품은
누가, 어떻게 구매하나요?⎯⎯

가정독서동아리를 운영하다 보면 자잘하게 돈이 드는 순간들이 많습니다. 인쇄용지, 프린터 잉크, 보드마커, 풀 등의 소모품은 저도 개인적으로 많이 사용하는 것들이라 비용을 청구하기가 모호했습니다. 아이들이 각자 가지고 있어야 할 클리어파일, 공책, 연필, 지우개 등도 처음엔 제가 직접 사서 준비해 놓았고요.

그런데 어느 순간 이러한 비용이 부담으로 느껴지더군요. 분명히 큰돈은 아니지만, 몇 달 하고 끝낼 게 아니라 장기적으로 진행하기 위해서는 마음을 고쳐먹어야 했습니다. 그 뒤로 가정독서동아리 활동에 꼭 필요한 것들은 제가 일괄적으로 구매한 뒤 비용을 청구하였습니다. 돈과 관련된 문제는 사소한 부분이라도 불편한 감정이 쌓이면 활동을 건강하게 이어 가기 어렵다고 생각했거든요.

요즘은 1원 단위까지 송금할 수 있어서 이체도 쉽게 할 수 있습니다. 즐겁게 오래 하고 싶다면 돈 문제는 처음부터 분명하게 정해 주세요. 그것이 서로의 감정을 상하지 않게 하는 방법이랍니다.

5장

아이의 세계를 확장하는 가정독서동아리 심화 활동

가정독서동아리
활동 내용
피드백하기

앞서 계속 이야기했듯이, 저는 지금의 가정독서동아리를 최대한 오래 지속하고 싶습니다. 그러려면 엄마들의 신뢰를 계속 얻는 것이 중요하다고 생각했어요. 학년이 올라갈수록 아이들에게 주어지는 시간은 점점 부족해지는데, 그 시간을 투자한 만큼 활동이 가치 있다는 것을 보여 드려야 한다고 생각했어요. 아이가 어릴 때는 무료로 책 읽는 활동을 한다는 것만으로도 엄마들은 기꺼이 아이를 보내지만, 학습이 점점 중요해지는 시기에는 비용보다 아이에게 얼마나 도움이 되느냐가 관심이니까요.

가정독서동아리가 아이들에게 충분히 의미 있는 시간으로 채워지고 있다는 것을 부모님들께 알려 드리고, 저도 아이들과 보내는 시간을 기록해 놓고 싶었습니다. 그래서 아이들의 가정독서동아리 활동을 엄마들께 피드백하기 시작했어요.

처음에는 모바일 단체 채팅방을 이용했습니다. 매번 전달하는 내용이 조금씩 다르긴 했지만 보통은 다음과 같은 내용이었어요.

- 읽은 책의 정보
- 오늘의 활동 내용 및 활동 의도
- 아이들 독서 활동지 사진
- 아이들의 활동 모습
- 그날 아이들이 보인 반응, 재밌었던 일 등

매번 피드백을 하는 건 당연히 번거로운 일이지만, 그날의 활동을 돌아보며 기록할 수 있어서 저에게도 의미가 있었습니다. 조금 거창하게 들릴지 몰라도 아이들이 성장해 나가는 과정이 담긴 '아이들의 책 읽기 역사'라고도 볼 수 있거든요.

독서동아리를 통해 궁극적으로는 아이들이 책을 읽고 즐기는 어른으로 성장하길, 사춘기 이후까지 책을 매개로 건강하게 소통하며 지내길 바랐어요. 이를 도와주는 것이 바로 엄마들께 활동 내용을 피드백하는 것이라고 생각했습니다. 아이들이 어떤 활동을 했는지 알아야 엄마들도 가정독서동아리에 계속해서 관심을 보이게 되며, 그래야 아이들도 더 열심히 활동하게 되니까요. 독서동아리에서 다룬 책, 친구들과 나눈 이야기를 각자의 가정에서 이어 나갈 수도 있고요.

그런데 단체 채팅방을 이용해 피드백을 하다 보니 아쉬운 점이 있었습니다. '아이들의 책 읽기 역사'라고 하기엔 기록이 누적되지 않는 거예요. 지난 대화를 다시 찾아보기 어렵고, 사진이나 동영상은 기간이 지나면 다시 볼 수도 없었습니다. 그래서 온라인 카페를 만들었습니다. 온라인 카페는 언제든 다시 들어가 아이들의 기록을 확인할 수 있어서 좋았어요.

만약 활동 내용을 엄마들께 피드백해 주기로 결심했다면 아예 처음부터 온라인 카페를 만들기를 권합니다. 처음부터 기록을 쌓아 가면 좋으니까요. 다만 꾸준히 할 수 있을지 모르겠다면 저처럼 채팅방을 먼저 이용하다가 카페로 바꾸는 것도 한 가지 방법입니다.

채팅방을 이용하든 카페를 이용하든, 추가로 개별적인 피드백을 하면 좋아요. 개별 피드백은 항상 하지는 않고, 시간과 에너지가 충분할 때만 진행합니다. 각 아이들의 활동을 보면서 특별히 해 주고 싶은 칭찬이나 활동 과정에서 있었던 에피소드, 아이의 활동지만 보고는 엄마가 알기 어려운 아이의 의도 등을 설명해 드립니다. 단체 채팅방이나 카페 글은 모두 함께 읽기 때문에 특정 아이만 칭찬하거나, 아쉬웠던 점을 말씀드리기 어렵습니다. 그래서 저는 꼭 전달하고 싶은 이야기가 있을 때 개별 피드백을 진행합니다.

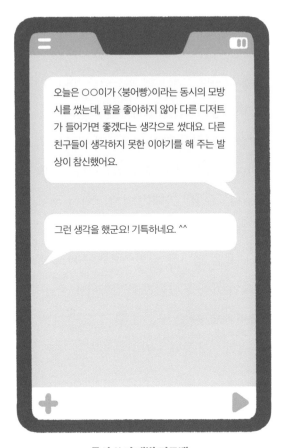

오늘은 ○○이가 〈붕어빵〉이라는 동시의 모방
시를 썼는데, 팥을 좋아하지 않아 다른 디저트
가 들어가면 좋겠다는 생각으로 썼대요. 다른
친구들이 생각하지 못한 이야기를 해 주는 발
상이 참신했어요.

그런 생각을 했군요! 기특하네요. ^^

동시 쓰기 개별 피드백

상황에 따라서는 피드백하기 힘든 날도 있어요. 저 역시 다른 일
들이 쌓여 너무 바쁠 때는 활동의 전체적인 과정을 꼼꼼하게 정리
해 알려 드리기 어려울 때가 있었습니다. 그럴 때는 활동 사진이
나 내용을 채팅방에 간단히 올리고 넘어가기도 했어요.

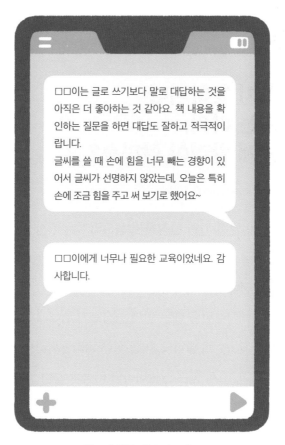

글쓰기 활동 개별 피드백

아이들의 독서 활동을 피드백하고, 그 기록을 계속 쌓아 가는 일은 분명히 의미가 있습니다. 하지만 진행하는 엄마가 스트레스를 받을 정도라면 쉬어 가거나 간단히 남겨도 충분합니다. 힘들 땐 에너지를 아껴 두었다가 힘이 좀 넘치는 날, 밀린 기록을 더 꼼꼼히 피드백하면 됩니다.

PLUS TIP

집중하지 못하거나
뒤처지는 아이,
부모에게 알려야 할까요? _____

엄마들께 아이들이 가진 단점을 말씀드리기는 조심스럽습니다. 그래서 저는 주로 장점을 이야기하고, 아쉬운 부분들은 에둘러 표현하거나 적당한 선에서만 이야기했어요.

하지만 길게 내다보았을 때는 함께 성장하기 위해서 개선이 필요한 점들은 말씀드리는 게 좋아요. 이를 위해 엄마들끼리도 친목을 다질 수 있다면 좋고, 그게 힘든 상황이라면 다음과 같이 대처하는 게 좋습니다.

- 아이가 가진 문제점을 이야기할 때는 그 아이가 가진 장점도 이야기해 주기
- 내 아이가 가진 문제점도 함께 이야기하면서, 공감 속에서 이야기 꺼내기
- 아이의 문제점을 개선하는 방법도 함께 이야기하면서 함께 노력하는 모습 보이기

_____

결국 중요한 것은 아이의 문제를 지적하려는 태도가 아니라 아이의 개선을 위해 함께 노력해 나가는 모습, 함께 아이를 키워 나간다는 마음가짐을 진실하게 보이는 것입니다. 이런 부분에서 서로 믿음이 생기면, 이후에는 아이들의 강점과 개선할 점에 대해 더 현실적인 조언을 줄 수 있습니다.

학기별로
가정독서동아리
활동 책자 만들기

    아이들과 매주 독서 활동을 하다 보면 활동지가 차곡차곡 쌓여 갑니다. 저는 이 활동 기록을 모아 두고 싶었습니다. 처음엔 클리어파일(이하 파일)에 모아 두었다가 하나가 가득 차면 각자의 가정으로 보내고 다시 새것에 채워 가는 방식으로 진행했습니다.

    이것으로도 충분하지만, 보통 한 학기에 파일이 하나씩 나오기 때문에 2~3년만 활동을 지속해도 파일이 공간을 많이 차지하게 되더라고요. 하나하나 낱장으로 넣는 비닐 사용도 너무 많아서 환경에 부담을 준다는 생각이 들었고요. 그때부터 파일은 활동지가 훼손되지 않게 담아 두는 용도로 사용하다가, 하나가 가득 차면 활동지만 따로 빼서 한 권의 책으로 제본하고 있습니다.

활동 책자

　여기서는 제본을 기준으로 이야기하지만, 파일이든 제본이든 아이들의 소중한 활동 기록을 모아 둔다는 점이 중요하니 편한 방법을 선택하면 됩니다.

　한 학기 분량의 독서 활동지가 모이면 책자로 만들기 위한 작업에 들어갑니다. 책자를 만드는 것은 가정독서동아리의 필수적 활동은 아니므로 엄마가 힘들지 않은 선에서 하면 됩니다. 아이들의 활동지를 엮는 일까지만 해도 되고, 여기서 소개하는 것 중에 몇 가지를 더 선택해서 넣어도 됩니다.

- 한 학기 동안 아이들이 작성한 개별 독서 활동지(필수)

- 한 학기 동안 읽은 책 목록(선택)
- 한 학기 동안 함께 활동하며 찍은 사진(선택)
- 아이들이 만든 프레젠테이션 화면 캡처본(선택)
- 아이들이 모은 개별 칭찬스티커판(선택)
- 독후감이나 동시 대회에 응모한 작품(선택)

아이들을 춤추게 하는 시간!
상장 수여식

동시 필사 한 권을 끝냈을 때, 총 50권의 책을 읽고 활동했을 때, 칭찬스티커 100장을 모두 모았을 때 등 활동을 한 번씩 마무리하는 뿌듯함이 있는 날에는 아이들에게 상장을 만들어 수여합니다. 몇 명 되지 않는 독서동아리에서 특정한 아이에게만 주면 서로 속상하므로 모두에게 줍니다.

단, 형식적으로 주는 상이라는 인상을 주지 않도록 상장에 들어가는 문구는 아이의 특성에 맞게 적습니다. 아이의 성장에 주목하되, 친구들도 공감할 수 있는 내용으로 채우는 거죠.

이왕이면 많은 사람에게 축하받는 것이 좋으니 가족 캠핑을 하는 날엔 반드시 상장을 만들어서 아이들의 성과를 함께 이야기합니다.

아이들마다 다른 상장 수여하기 📂

그럴싸한 상장을 만들고 싶다면 금박무늬가 인쇄된 상장 용지를 사서 사용하면 더 좋습니다. 다양한 상황에서 아이들에게 줄 수 있는 상장 예시를 참고해서 아이들에게 뿌듯함을 안겨 주길 바랍니다.

책의 바다에 빠져 보는 방학! 온종일 책 읽기 데이

방학에는 아이들에게도 저에게도 시간이 많습니다. 온종일 아이들과 긴 시간을 어떻게 보내야 하나 고민하던 차에 충동적으로 계획한 '책 읽기 데이'가 아이들과 저에게 휴식 같은 시간을 주었습니다. 그래서 방학 때면 꼭 1~2회씩 하고 있습니다.

책 읽기 데이 시간표

① 10시~10시 50분: 자율 독서 1

   (학습 만화든 아니든 상관없이 조용히 책을 읽고 책 제목 적기)

② 11시~11시 50분: 자율 독서 2

   (학습 만화를 제외한 책을 조용히 읽고 책 제목 적기)

③ 11시 50분~13시: 같이 점심 먹고 자유롭게 놀기

  (점심은 배달 서비스 이용)

④ 13시~14시 30분: 가정독서동아리 활동

⑤ 14시 30분~15시: 자유롭게 놀기

일정을 보면 알겠지만 엄마가 준비할 게 거의 없습니다. 가정독서동아리를 하는 것은 평소와 똑같은데, 오전에 일찍 모여 함께 2시간 책을 읽고 점심을 같이 먹는 것만 추가되었어요. 이 시간 동안 아이들이 집에서 책을 가져와 서로 돌려가며 읽는 재미를 스스로 찾아가더라고요. 자율 독서 1·2시간에는 읽은 책 제목을 적는 양식을 줄 때도 있지만 이 과정을 생략하기도 합니다. 특별한 활동을 하기보다는 책 읽는 시간을 거부감 없이 즐겁게 보내는 것이 목적이니까요.

아이들은 왁자지껄 소란하게 보내는 시간만이 노는 것이 아니라, 뒹굴뒹굴하며 책을 읽다가 친구와 바꿔 읽기도 하며 보내는 시간 역시 노는 방식 중 하나임을 자연스럽게 인식하게 됩니다. 저로서도 방학 중 다른 활동을 고민하지 않아도 되고, 조용한 2시간을 보내며 같이 책을 읽거나 제 할 일을 하며 쉬다가 한 끼 식사도 조금은 편하게 때울 수 있었기에 정말 방학 같은 시간을 얻게 되어서 좋았답니다.

연대감과 성취감을 높이는 가정독서동아리 가족 캠핑

    가족 캠핑은 가정독서동아리 아이들의 형제와 부모님들까지 모두 함께 캠핑지에서 시간을 보내는 행사입니다. 아이들이 단체 칭찬스티커 100개를 모두 모으면 가고 싶다고 했던 보상이었어요. 처음부터 제가 계획한 건 아니었지요. 부모님들 일정을 모두 맞추고, 한 캠핑장을 동시에 예약해야만 가능한 일정이라 쉽게 추진하기 어렵거든요.

    하지만 한 번 다녀온 뒤 아이들의 만족도가 높았습니다. 아이들은 또 가고 싶다는 일념으로 단체 칭찬스티커를 다시 열심히 모으는 중이라 조만간 캠핑을 또 가게 될 것 같습니다. 일정을 맞추는 게 쉽지는 않았지만, 캠핑으로 얻을 수 있는 효과들이 있기에 저 또한 기꺼이 다시 가고 싶은 마음이고요.

　캠핑으로 얻을 수 있었던 장점은 독서동아리 아이들끼리의 결속력이 더 단단해졌다는 점입니다. 학교나 집이라는 공간을 벗어나 탁 트인 곳에서 함께 벌레도 잡고 뛰어놀며 같이 보낸 시간은 아이들만의 특별한 결속력을 만들어 줍니다. 게다가 이런 시간을 보내게 된 것이 그동안 오랜 시간 열심히 책을 읽고 활동한 뒤 당당하게 얻어 낸 보상이라는 점에서 아이들이 자랑스러움과 성취감을 느끼게 되고요.

　이때 "너희 덕분에 이렇게 모두 함께 캠핑을 오게 되었어. 고마워."라고 말해 준다면 아이들의 긍지는 더 높아지겠죠. 이렇게 만들어지는 끈끈한 결속력은 독서동아리를 건강하게 지속할 수 있는 원천이 된답니다.

든든한 어른들과 함께 만드는 추억

　캠핑을 통해 얻게 된 또 다른 좋은 점은 같은 곳을 바라보고 이야기할 수 있는 든든한 집단 속에 있음을 확인할 수 있다는 깃입니다. 평소엔 연결고리가 없었던 아빠들까지 마음을 터놓고 대화하고 맛있는 음식을 함께 먹으며 아이들 교육 이야기, 육아 이야기를 나누며 훨씬 돈독해질 수 있었습니다. 아이 교육은 부모 중 어느 한 명만 하는 게 아니라 함께 고민하고 조력하면서 서로 마음을 합쳐야 순탄하게 나아갈 수 있으니까요.

다 같이 편안히 시간을 보내기 위해 떠난 것이므로 캠핑지에서 제가 프로그램을 주도하거나 진행하진 않았지만, 딱 하나의 이벤트는 준비했습니다. 캠핑의 하이라이트인 캠프파이어 시간에 캠핑 주인공들의 자존감을 살려 주는 '상장 이벤트'였어요.

모닥불 앞에서 아이들을 한 명씩 불러 상장의 내용을 크게 읽어 주며 상장과 선물을 주었습니다. 상장의 내용은 최대한 구체적으로, 아이들의 성장 과정이 잘 드러나게 구성했습니다. 상장과 선물을 받는 아이를 향해 가족과 친구들 모두 손뼉을 쳐 주는 것으로 마무리한 간단한 이벤트였지만, 입꼬리가 실룩실룩 올라가며 좋아하면서도 쑥스러워하던 아이들의 모습을 보며 이런 이벤트를 하길 잘했다고 생각했어요.

아이들의 성취감은 반에서 1등을 하거나 엄청난 성과를 내는 일을 해야만 생기는 게 아닙니다. 자신들의 노력으로 부모님들이 한자리에 모여 즐겁게 시간을 보낼 수 있는 것, 그런 자리에서 가족들의 박수를 받으며 인정받는다는 것에서 생겨날 수 있답니다. 함께 누리는 성취감이 아이들만의 특별한 연대감을 만든다는 것은 말할 것도 없고요.

부록

학교 행사와 연계한 월별 추천 도서 목록

아이 학교의 학사일정, 한 달 한 달 달라지는 아이의 성장에 따라 필요한 책 목록을 월별로 그림책 세 권, 글밥 책 두 권씩 추천한 목록입니다.

3월 #새학기 #학교적응 #두려움 #학급선거 #친구사랑주간	
틀려도 괜찮아(마키타 신지 글, 하세가와 토모코 그림, 유문조 옮김, 토토북)	그림책
아주 무서운 날(탕무니우 글·그림, 홍연숙 옮김, 찰리북)	그림책
난 학교 가기 싫어(로렌 차일드 글·그림, 조은수 옮김, 국민서관)	그림책
잘못 뽑은 반장(이은재 글, 서영경 그림, 주니어김영사)	글밥 책
나쁜 비밀이 생겼어요(서민 글, 손지희 그림, 리틀씨앤톡)	글밥 책
4월 #장애이해교육주간 #식목일 #생명존중교육주간	
보이거나 안 보이거나(요시타케 신스케 글·그림, 고향옥 옮김, 토토북)	그림책
진짜 투명 인간(레미 쿠르종 글·그림, 이정주 옮김, 씨드북)	그림책
신기한 스쿨버스 키즈 17 (조애너 콜 글, 브루스 디건 그림, 이강환 옮김, 비룡소)	그림책
가방 들어주는 아이(고정욱 글, 백남원 그림, 사계절)	글밥 책
애니캔(은경 글, 유시연 그림, 별숲)	글밥 책
5월 #가정의달 #감사 #어린이날 #어버이날 #스승의날	
세상에서 제일 힘센 수탉(이호백 글, 이억배 그림, 재미마주)	그림책
삐약이 엄마(백희나 글·그림, 스토리보울)	그림책
오른발 왼발(토미 드 파올라 글·그림, 정해왕 옮김, 비룡소)	그림책
담임 선생님은 AI(이경화 글, 국민지 그림, 창비)	글밥 책
오늘은 어린이날!: 방정환이 들려주는 어린이 인권 이야기 (오늘 글, 송진욱 그림, 책속물고기)	글밥 책

6월 #호국보훈의달 #6·25 #통일교육 #전쟁 #친구간의갈등	
대포 속에 들어간 오리(조이 카울리 글, 로빈 벨튼 그림, 홍연미 옮김, 베틀북)	그림책
우리 할아버지는 열다섯 살 소년병입니다 (박혜선 글, 장준영 그림, 위즈덤하우스)	그림책
내일 또 싸우자!(박종진 글, 조원희 그림, 소원나무)	그림책
조지 할아버지의 6·25(이규희 글, 김수연 그림, 바우솔)	글밥 책
짜장 짬뽕 탕수육(김영주 글, 고경숙 그림, 재미마주)	글밥 책
7월 #더위 #짜증 #불쾌지수 #에어컨 #에너지절약 #지구온난화	
달샤베트(백희나 글·그림, 스토리보울)	그림책
눈보라(강경수 글·그림, 창비)	그림책
북극곰이 녹아요(박종진 글, 이주미 그림, 키즈엠)	그림책
짜증방(소중애 글, 방새미 그림, 거북이북스)	글밥 책
선생님, 기후 위기가 뭐예요?(최원형 글, 김규정 그림, 철수와영희)	글밥 책
8월 #일제강점기 #8·15광복 #자주독립 #자아존중감 #나다움	
꽃할머니(권윤덕 글·그림, 사계절)	그림책
개똥이의 1945(권오준 글, 이경국 그림, 국민서관)	그림책
악어오리 구지구지(천즈위엔 글·그림, 박지민 옮김, 예림당)	그림책
우리 엄마 강금순(강이경 글, 김금숙 그림, 도토리숲)	글밥 책
모두가 원하는 아이(위해준 글, 하루치 그림, 웅진주니어)	글밥 책
9월 #추석 #생명존중교육주간 #환절기감기 #운동회 #경쟁	
솔이의 추석 이야기(이억배 글·그림, 길벗어린이)	그림책
멍멍 의사 선생님(배빗 콜 글·그림, 박찬순 옮김, 보림)	그림책
슈퍼 거북(유설화 글·그림, 책읽는곰)	그림책

긴긴밤(루리 글·그림, 문학동네)	글밥 책
5번 레인(은소홀 글, 노인경 그림, 문학동네)	글밥 책

10월 #독도의날 #독도사랑주간 #한글날 #세종대왕 #한글창제

독도가 우리 땅일 수밖에 없는 12가지 이유(윤문영 글·그림, 단비어린이)	그림책
하마터면 한글이 없어질 뻔했어!(김슬옹 글, 이형진 그림, 한울림어린이)	그림책
한글을 만든 빛나는 임금 세종대왕(노지영 글, 문종훈 그림, 다락원)	그림책
재미있는 독도와 역사 분쟁 이야기 (양대승·신재일 글, 조정근·이창섭 그림, 가나출판사)	글밥 책
초정리 편지(배유안 글, 홍선주 그림, 창비)	글밥 책

11월 #친구가미울때 #친구사랑주간 #양성평등 #나다울자유

친구의 전설(이지은 글·그림, 웅진주니어)	그림책
발레 하는 할아버지(신원미 글, 박연경 그림, 머스트비)	그림책
종이 봉지 공주(로버트 문치 글, 마이클 마첸코 그림, 김태희 옮김, 비룡소)	그림책
우리는 비밀 사이다(윤정 글, 유준재 그림, 잇츠북어린이)	글밥 책
해방자 신데렐라(리베카 솔닛 글, 아서 래컴 그림, 홍한별 옮김, 반비)	글밥 책

12월 #크리스마스 #선물 #착한일 #나눔 #세계인권의날

크리스마스 캐럴 (찰스 디킨스 글, 로베르토 인노첸티 그림, 박청호 엮음, 어린이작가정신)	그림책
선인장 호텔(브렌다 기버슨 글, 메건 로이드 그림, 이명희 옮김, 마루벌)	그림책
헨리의 자유 상자(엘린 레빈 글, 카디르 넬슨 그림, 김향이 옮김, 뜨인돌어린이)	그림책
크리스마스에는 눈꽃펑펑치킨을!(지안 글, 도아마 그림, 시공주니어)	글밥 책
우리 역사에 숨어 있는 인권 존중의 씨앗 (김영주·김은영 글, 한용욱 그림, 북멘토)	글밥 책

1월 #새해 #새로운시작 #새로운결심 #설날	
손 큰 할머니의 만두 만들기(채인선 글, 이억배 그림, 재미마주)	그림책
열두 띠 이야기(정하섭 글, 이춘길 그림, 보림)	그림책
마음먹은 고양이(강경호 글, 다나 그림, 나무말미)	그림책
한밤중 달빛 식당(이분희 글, 윤태규 그림, 비룡소)	글밥 책
어린이를 위한 그릿(전지은 글, 이갑규 그림, 비즈니스북스)	글밥 책
2월 #방학 #슬기로운미디어생활 #책속으로떠나는여행 #새학기준비	
어서 오세요! ㄱㄴㄷ 뷔페(최경식 글·그림, 위즈덤하우스)	그림책
두근두근! 나는 초등학교 1학년 (다카하마 마사노부 글, 하야시 유미 그림, 김보혜 옮김, 피카주니어)	그림책
윌리의 신기한 모험(앤서니 브라운 글·그림, 웅진주니어)	그림책
햇빛초 대나무 숲에 새 글이 올라왔습니다(황지영 글, 백두리 그림, 우리학교)	글밥 책
걱정 세탁소(홍민정 글, 김도아 그림, 좋은책어린이)	글밥 책

16년 차 국어 교사의 초등 독서교육 혁명

문해력 뛰어난 아이는 이렇게 읽습니다

초판 1쇄 인쇄 2024년 11월 25일
초판 1쇄 발행 2024년 12월 9일

지은이 이윤정
펴낸이 김선식, 이주화

기획편집 임지연
콘텐츠 개발팀 이동현, 임지연
디자인 이다오

펴낸곳 ㈜클랩북스 **출판등록** 2022년 5월 12일 제2022-000129호
주소 서울시 마포구 어울마당로3길 5, 201호
전화 02-332-5246 **팩스** 0504-255-5246
이메일 clab22@clabbooks.com
인스타그램 instagram.com/clabbooks
페이스북 facebook.com/clabbooks

ISBN 979-11-93941-24-9 (13590)

(주)클랩북스는 독자 여러분의 책에 관한 아이디어와 원고 투고를 기다리고 있습니다.
책 출간을 원하시는 분은 이메일 clab22@clabbooks.com으로 간단한 개요와 취지, 연락처 등을 보내주세요.
'지혜가 되는 이야기의 시작, 클랩북스'와 함께 꿈을 이루세요.